原口秀昭 —— 著

陳彩華 —— 譯

圖解建築
施工入門

一次精通建築施工的
基本知識、工法和應用

前言

工程現場很有趣，沒有比看到自己的設計漸漸完成更讓人開心的事。此外，買下低價的建物，和學生及工匠一起參與改裝改建工程，也充滿樂趣。本書就是為了傳授學生「施工」這一門科目，集結筆者的經驗、從許多專家和其他著作學習到的工程相關事項所完成的。

為了吸引學生閱讀，我已持續在建築、不動產的部落格（http：//plaza.ra-kuten.co.jp/mikao/）撰文近八年。筆者所教導的學生，相較於理科，更多是文科、討厭數學或物理卻很喜歡設計的女生。如果內容都是文字的話，學生是連看都不看的，所以每篇都附有插圖和漫畫。文章簡短易懂，較難的漢字也標示日文假名。因此，甚至有許多建築業界人士或建築愛好者、不動產經營者、大資產家等人物造訪部落格。

在讀者們追根究柢提出的「那個說法應該不對吧，這裡不是這樣的吧」之下，重新查證並撰寫修改，最終完成入門系列的七本書，分別是結構分類的木造、RC造、S造，以及領域分類的設備、法規、室內裝修設計，並翻譯為簡體中文、繁體中文和韓文出版。於是編輯決定，下一本是建築士檢定領域的「施工」。

開始寫部落格時是用塗鴉般的插畫，畫了幾百張圖後不知不覺認真起來。為了設定登場人物，選擇了缺乏自信的草食男，以及態度強硬身材火辣的女性角色。認真的讀者大概會批評那樣的畫很隨便，但希望大家能理解這是漫畫式的誇張畫法。

要涵蓋施工所有領域的內容，以頁數來看是不可能的，所以用最重要的構造結構體（軀體）為中心來完成本書內容，包括地盤、樁、開挖、擋土等土關係，以及模板、鋼筋、混凝土、鋼骨等骨架部分。以學生或初學者的讀者為前提，即便是取自建築士檢定的項目，也附上詳細的解說。對於本書能幫助學習建築的學生、初學者和建築士考生這點，深具自信。

各個項目都是約三分鐘即可讀完的分量。以拳擊的一回合（round）來表記每一篇，如R001等。請花三分鐘集中注意力在每一回合上。

本書不足的部分或基礎的部分，請參閱入門系列已出版的木造、RC造、S造、設備、法規、室內裝修設計等。如果覺得本書內容難以理解，請試著從RC造或木造開始閱讀，一定能作為參考。

最後非常謝謝彰國社編輯部的中神和彥先生，即使抱病仍參與本書企畫並督促我持續進行需要毅力的插畫繪製，以及添加插畫文字和校正文章的編輯部尾關惠小姐，還有給予指教的許多專家、工匠和部落格的讀者，在此向各位致上最大的謝意。

2013年2月

原口秀昭

目次   CONTENTS

圖解建築
施工入門

Q 建築工程是如何進行的？

▼

A 如下圖，依準備工程、擋土工程、基樁工程、開挖、安全支撐架設、基
礎、地下結構體和地上結構體工程（鷹架）、防水工程、外裝修工程、
設備工程、內裝修工程、外構工程等順序來進行。

🔲 一旦開挖之後，就無法在地面上使用巨大的重型機具，所以需在開挖之
前打樁。設備工程是指在結構體中預留套筒空間（貫通孔），所以設備
施工是從結構體工程劃分出來的。結構體是指由鋼筋混凝土、鋼骨所構
成的柱、梁、牆、地板等。

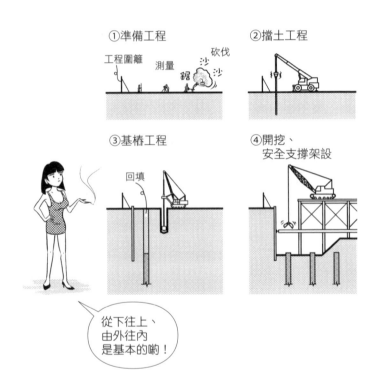

①準備工程　　　　　　　②擋土工程

工程圍籬　測量　鋸　砍伐　沙 沙

③基樁工程　　　　　　　④開挖、
　　　　　　　　　　　　　安全支撐架設

回填

從下往上、
由外往內
是基本的喲！

● 即使下雨，水也不會滲到室內時，才開始內裝修工程。基本上，進行順序是從下
往上、由外（防水、外裝修）往內（設備、內裝修）。本書大致上也依此順序來
解説。

⑤基礎、地下結構體工程　⑥地上結構體工程

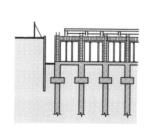

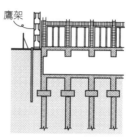

⑦防水工程

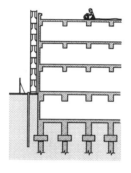

⑧外裝修工程

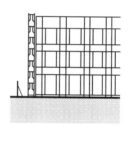

⑨設備工程

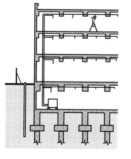

⑩內裝修工程

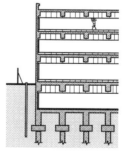

Q 工程承攬契約包括哪些文件？

▼

A 契約書（包括詳細價目表）、工程承攬契約條款、設計圖說。

條款是為了補全契約書不足的地方，內容具體列出發包商（業主）、承包商（施工業者）和監造者各自的工作範圍及責任歸屬等。有市售的定型化工程承攬契約條款書籍。

- 在日本，條款有公共工程標準承攬契約條款、民間聯合協定工程承攬契約條款等。民間聯合是指日本建築家協會、日本建築學會、日本建築士事務所協會和建築業協會，過去稱為四會聯合。
- 契約書和條款是以書面載明工程內容、動工時期、竣工時期、驗收交件時期、承攬金額、付款時期、付款方式、天候等不可抗力所造成的損失負擔、關於價格波動所影響的承攬金額變動，以及關於契約內容糾紛的解決方法等。

Q 施工説明書是什麼？

▼

A 以文字圖表等來説明設計圖上無法標明的工程施工説明。

施工説明書（specification）明列材料的種類、規格、品質、性能、施工順序、方法、裝修程度等。施工説明書又分為僅記載該次工程特有施工説明的**特定施工説明書**（special specification），以及列有一般工程施工説明的**標準施工説明書**（general specification，通用施工説明書）。特定施工説明書是針對單次工程所明定的施工説明書，當標準施工説明書與特定施工説明書內容有差異時，以特定施工説明書為準。

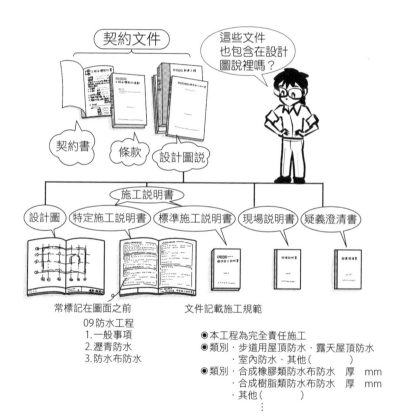

契約文件

這些文件也包含在設計圖說裡嗎？

契約書　條款　設計圖説

施工説明書

設計圖　特定施工説明書　標準施工説明書　現場説明書　疑義澄清書

常標記在圖面之前
09 防水工程
1.一般事項
2.瀝青防水
3.防水布防水

文件記載施工規範

◉本工程為完全責任施工
◉類別・步道用屋頂防水・露天屋頂防水
　・室內防水・其他（　　　）
◉類別・合成橡膠類防水布防水　厚　mm
　・合成樹脂類防水布防水　厚　mm
　・其他（　　　）
　⋮

- 設計圖説包括設計圖、施工説明書、現場説明書、疑義澄清書。
- 現場説明書是説明與工程現場有關但未明記於其他設計圖説裡的事項的文件。
- 疑義澄清書是在決定承攬金額之前，記錄承包商的質詢問題及發包商的回答的文件。例如，承包商針對設計圖裡不了解之處提出疑問，設計者回答疑問等內容。

2
契約與管理

Q 設計圖説的文件內容不一致時，優先順序為何？

A 優先順序如下：疑義澄清書＞現場説明書＞特定施工説明書＞設計圖（圖面）＞標準施工説明書（通用施工説明書）。

優先參考後期做成的文件（較新的文件），以及該次工程特定的作業內容。標準施工説明書是記載各工程通用的標準化施工説明，所以優先順序為最後。疑義澄清書是針對設計圖和施工説明書等的疑問所做的回答，所以最優先。

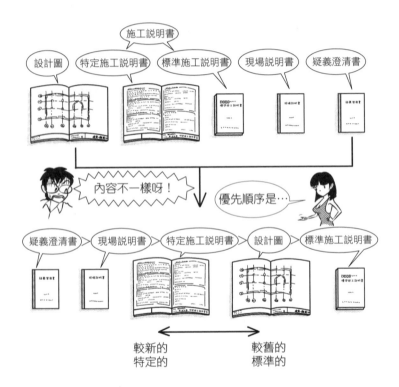

Q 設置在工程圍籬上的標示有哪些？

A 建築計畫公告、經建築基準法審核完成標示、道路占用使用許可證、建造核准號碼、職業災害保險加保證明等。

在日本，第一步是在工程圍籬上設置向鄰近地區公告的看板。在工程圍籬前拍下看板的照片後，必須向鄰近地區的住民説明工程計畫，並取得對方的同意蓋章，否則可能無法通過建築基準法的審核。這是為了避免與鄰近地區產生糾紛的因應對策。

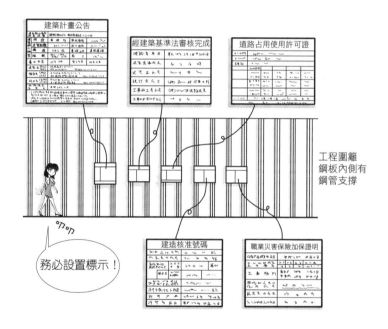

工程圍籬
鋼板內側有
鋼管支撐

務必設置標示！

- 日本的建築審核是由建築主事（建築主事資格檢定考試通過而負責建築管理的官員）認定，道路占用許可由市區町村等的道路管理者核發，道路使用許可由警察署長核發，建設業的許可是在從業之前向國土交通大臣或都道府縣知事申請，職業災害保險則是由勞動基準監督署受理申請並核發許可證明。建設業的許可證明，不是因應個別工程申請，而是需在開始營業之前就獲得批准核發。工程期間的占用與使用幾乎被視為同義詞，因此警察署核發的「使用」許可文件，也可以拿到市區町村的役所（鄉鎮市公所）申換成「占用」許可，有時需支付占用費用。此外，在建築物上設置看板，或竣工之後在路旁常設看板，也必須申請占用許可。

Q 管理者和監造者有什麼不同？

▼

A 綜合營造商（general contractor）等營造承包商，負責施工並管理工程依計畫執行之類的角色，稱為管理者。設計事務所等則是監造者，負責確認工程是否按照設計圖說的內容來執行。

施工者負責管理（manage），設計者負責監造（supervise）。在日文中，「管理」與「監理」（「監造」一詞的日文寫法）發音相同，日本建築業為了區別兩者，取「監」字中的「皿」（sara），以別稱皿監（sarakan）來稱呼監造者。一般而言，施工者為管理者，設計者為監造者。管理者和監造者不單指管理或監造的公司，也指現場負責管理或監造的負責人。

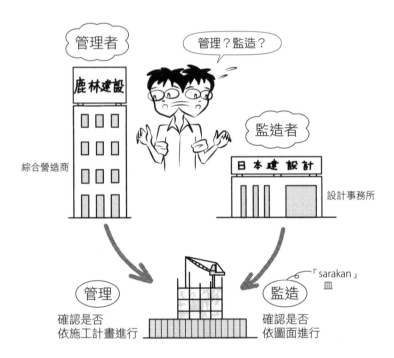

● ○○建設等綜合營造商、工務店根據施工計畫，劃分各個工程項目給專門業者來進行工程。綜合營造商是指承攬從辦理申請許可到管理工程等全部作業的廠商。綜合營造商承攬整件工程後，再將工程細分並轉包給專門業者。

Q 現場代理人、監理技術者、主任技術者是什麼？

▼

A 現場代理人是負責工程進行的綜合營造商等發包商的代理人。監理技術者（supervising engineer）和主任技術者（chief engineer）是管理工程的技術人員。

代表綜合營造商等發包商在現場工作的人為現場代理人。現場代理人不一定要是技術人員。監理技術者和主任技術者則是日本建設業法規定的專門資格。監理技術者和主任技術者可兼任現場代理人。

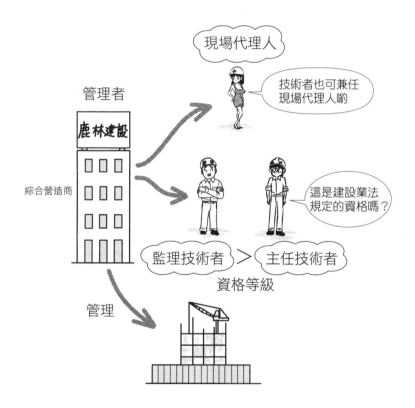

- 依日本建設業法規定，根據承攬總金額而決定現場需要有專任監理技術者或主任技術者時，則不可同時兼任現場代理人。日文中「管」理現場的監理技術者，不可思議地用「監」字稱之。而日文中一般談到現場管理，也是稱作「監」。
- 要取得監理技術者和主任技術者的資格，必須具備一定年數以上的實務經驗，以及擁有施工管理技士或建築士等國家資格。兩者資格要件的等級是監理技術者＞主任技術者。

Q 作業主任者是什麼？

▼

A 為了避免進行各項作業時發生職業災害，日本勞動安全衛生法所規定的管理人員資格（台灣稱為「分項作業主管」）。

◼ 模板支撐材組立的作業主任者負責監督工作，避免組立模板支撐材和解體作業時發生事故等造成死傷。不同工程有其對應的作業主任者。有些是一定規模以上才需要，有些無論規模大小都需要作業主任者監督。

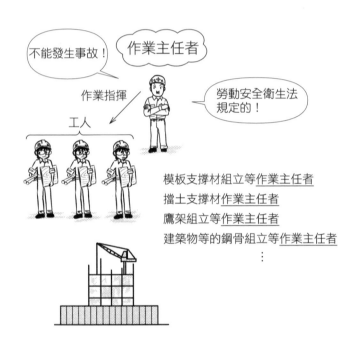

Q 工程表有哪些類型？

▼

A 具代表性的兩種工程表是桿狀圖（bar chart construction schedule，又名橫線式工程表）和網狀圖（network construction schedule）。

桿狀圖製作容易，工期一目瞭然。網狀圖要有經驗才會製作，但工程之間關係明確，容易調整工程，還有可看出要徑等優點。有時併用兩種工程表來管理工程。

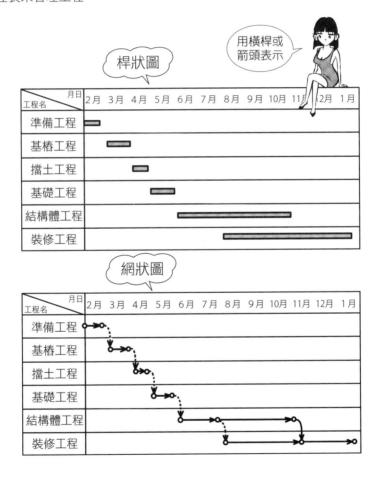

● 在桿狀圖的預定橫桿下面標註完成進度的橫桿，稱為甘特圖（Gantt Chart）。這是美國人亨利・甘特（Henry Gantt）發明的圖表。另外，也有桿狀圖中加入表示工程完成進度曲線的工程表。

Q 兩層樓RC造建物的桿狀圖如何表示？

▼

A 大致如下圖所示。

準備工程、假設工程、基樁工程、擋土工程、開挖工程、結構體工程、設備工程、防水工程、外裝修工程、內裝修工程、外構工程等流程。

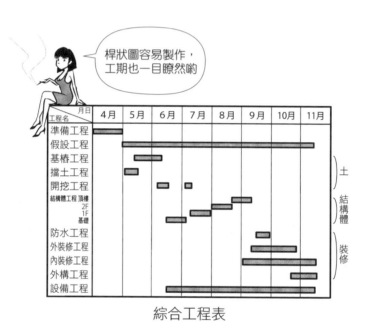

桿狀圖容易製作，工期也一目瞭然喲

綜合工程表

- 表示工程整體內容的工程表，稱為綜合工程表。根據綜合工程表，進一步製作月工程表和週工程表等。
- 準備工程是指樹木砍伐、架設工程圍籬、拆除原有建物、整地、測量、地盤調查、地鎮祭等。

Q 兩層樓RC造建物的網狀圖如何表示？

▼

A 大致如下圖所示。

一樓結構體工程→一樓內裝修工程等，工程間的相互關係簡單明瞭。先用桿狀圖規劃出粗略的工程進度，再用網狀圖確定工程間的相互關係和細部工程。

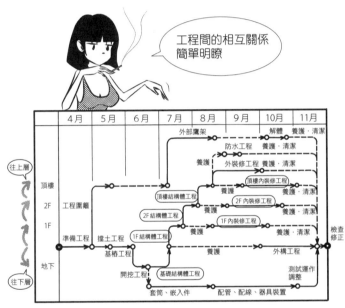

綜合工程表

Q 虛箭線是什麼？

▼

A 不包含作業和時間，只用來表示作業先後關係的虛線箭頭。

箭頭表示作業和時間，虛線的箭頭（dummy）僅表示先後關係。下圖中，屋頂工程完成後才能進行屋頂塗裝，在這兩項工程之間並未含括其他作業和時間，所以用虛線箭頭表示。

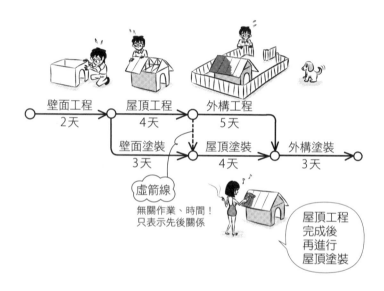

- dummy原指雖然看得見但不具實體的東西或模型等。
- ○標記是結點（node），表示作業的起始點、結束點，以及作業與作業之間的連結點。

Q 要徑是什麼？

▼

A 最長的路徑。

下圖的工程表中有三個路徑（pass）。當中A→B→C→E→F的工期為14天，是三個路徑中最長的，成為要徑（critical pass）。這個路徑上的工程日程容易影響整體工程，至關重要。

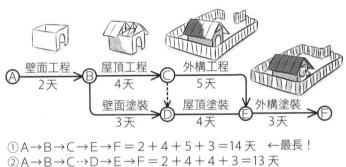

① A→B→C→E→F ＝ 2＋4＋5＋3 ＝14天　←最長！
② A→B→C⋯D→E→F ＝ 2＋4＋4＋3 ＝13天
③ A→B→D→E→F ＝ 2＋3＋4＋3 ＝12天

要徑
critical pass

最長的路徑
就是要徑喲！

● critical 為重大的、危險的之意，pass是通路、路徑的意思。要徑有時簡寫為CP。

Q 最早開工時間（EST）是什麼？

▼

A 從某個結點開始作業時，最快能開工的時間。

最早（E）開工（S）時間（T）是earliest start time的縮寫。下圖中，EST 用○數字來表示。若要計算某個工程的最早開工時間，需累加前面各個結點的工作天數，如果同時有兩項以上的工程，選擇最長的所需天數來計算。後續作業最快必須等到這個計算出來的天數之後才能進行。

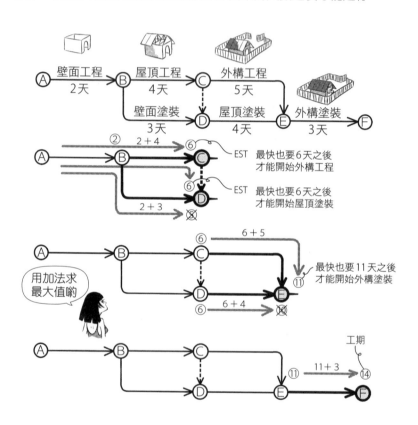

Q 最晚開工時間（LST）是什麼？

▼

A 從某個結點開始作業時，最晚能開工的時間。

🔳 最晚（L）開工（S）時間（T）是latest start time的縮寫。下圖中，LST
用□數字來表示。從工程整體的工期倒著用減法計算，就可以算出各結
點的LST。同時有兩個以上路徑時，取最小值來計算。

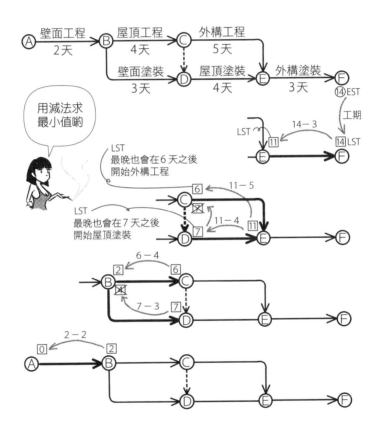

Q 總浮時（TF）是什麼？

▼

A 在不影響整體工期的範圍內，作業最大寬裕時間。

float為浮動、浮動時間的意思。total float（總浮時）意指作業從最早開工時間開始，能讓後續作業從最晚開工時間開始的寬裕時間。下圖中，TF用〔 〕來表示。某作業的TF＝後續LST－（此作業的EST＋作業時間）。要徑上沒有寬裕時間。

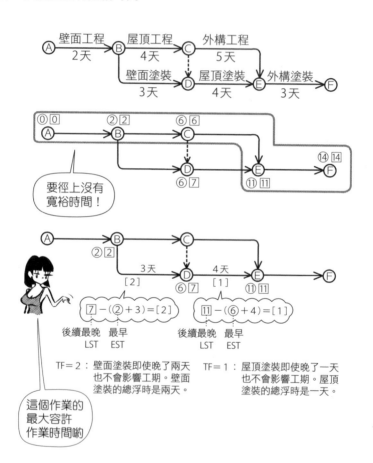

要徑上沒有寬裕時間！

⑦－（②＋3）＝［2］

後續最晚　　最早
LST　　　EST

⑪－（⑥＋4）＝［1］

後續最晚　　最早
LST　　　EST

TF＝2：壁面塗裝即使晚了兩天也不會影響工期。壁面塗裝的總浮時是兩天。

TF＝1：屋頂塗裝即使晚了一天也不會影響工期。屋頂塗裝的總浮時是一天。

這個作業的最大容許作業時間喲

Q 自由浮時（FF）是什麼？

▼

A 在不影響後續作業的範圍內，作業可能寬裕時間。

總浮時是指不影響整體工期的寬裕時間，free float（自由浮時）則是指不影響後續作業的自由寬裕時間。下圖中，FF用（　）來表示。某作業的FF＝後續EST－（此作業的EST＋作業時間）。

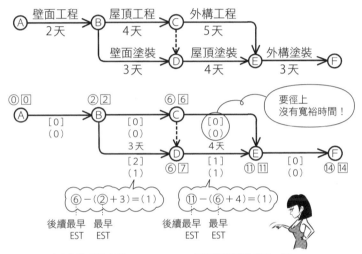

FF＝1：壁面塗裝即使晚了一天也不會影響屋頂塗裝。　FF＝1：屋頂塗裝即使晚了一天也不會影響外構塗裝。

Q (1)EST、(2)LST、(3)TF、(4)FF 是什麼？

▼

A (1) 最早開工時間、(2) 最晚開工時間、(3) 總浮時、(4) 自由浮時。

這裡整理一下複雜的網狀圖用語。

這樣就能記住了吧?!

最早開工時間	EST	最早能開始作業的時間
最晚開工時間	LST	在不影響工期的範圍內， 最晚能開始作業的時間
總浮時	TF	在不影響整體工期的範圍內， 作業最大寬裕時間。
自由浮時	FF	在不影響後續作業的範圍內， 作業可能寬裕時間

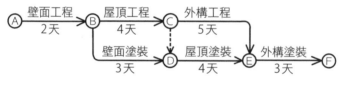

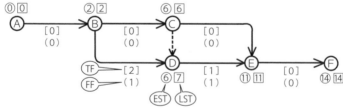

● 在各作業的完工時間（FT：finish time）裡，也有最早完工時間（EFT）和最晚完工時間（LFT）等用語。這裡只說明開工時間（ST：start time）。

Q 三角測量是什麼？

▼

A 利用三角形的邊和角度來求長度的測量法。

先量出較易測量的長度、角度，就能求得較難測量的長度。無法使用捲尺的長距離、橫跨河川的長度、山的高度等，皆可利用三角形來計算。三邊長度固定後，三角形的形狀就不變。四角形就算四邊長度確定，角度還是會變動。

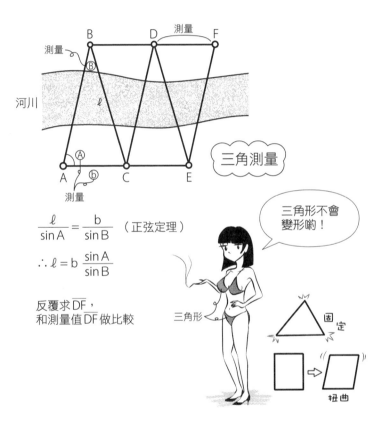

$$\frac{\ell}{\sin A} = \frac{b}{\sin B} \quad （正弦定理）$$

$$\therefore \ell = b \frac{\sin A}{\sin B}$$

反覆求 $\overline{DF}$，
和測量值 $\overline{DF}$ 做比較

三角形

4

測量

- 三角測量源於16世紀的荷蘭，17世紀中葉傳至日本。根據18世紀末的誤差理論將其精密化。利用三角測量製作地圖時，會選擇山頂等處作為基準的三角點。三角點的精度用 GPS 定期確認。
- 三角比是利用直角三角形的正弦（sin）、餘弦（cos）和正切（tan），事先算出表列不同角度的比，方便使用。

Q 導線測量是什麼？

▼

A 利用測點與測線做出多角形等的骨架，再進行測量的方法。

■ 先用測線組成多角形（閉合導線〔closed traverse〕）或曲折的線形（**展開導線**〔open traverse〕、**附合導線**〔connecting traverse〕）之後，再做細部的測量，便完成導線測量（traverse surveying）。因為用測線做出骨架，所以日文又稱為**骨組み測量**。測定各測點間的距離和角度，計算出座標值後決定骨架。

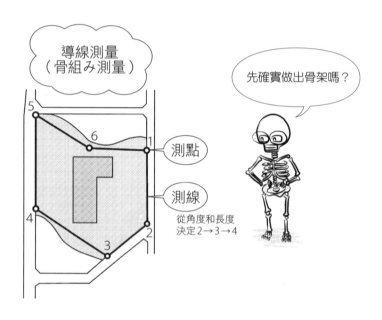

- traverse為避免直行攀登而橫切攀登（Z形攀登）的登山用語，指橫斷路徑、曲折道路等。在測量中代表測線，或是測線組成的骨架。由測線閉合形成三角形的三角測量，廣義上也是導線測量的一種。
- 上圖由基準點順向形成閉合多角形，就是閉合導線測量（導線法）。若從中央部可看到各基準點，也能放射狀測定距離和角度再決定基準點的位置（放射法）。測點數盡可能減少，以簡化導線的形狀。

Q 閉合比是什麼？

▼

A 閉合誤差÷邊長總和，表示導線測量的精度。

從A順向決定測點，最後的測點A′應該與A重合，卻出現了誤差。誤差的長度除以邊長總和的比，即為閉合比（ratio of closure）。為了修正誤差使圖形閉合，將誤差長度依各點間的長度比例分配，最後閉合圖形。

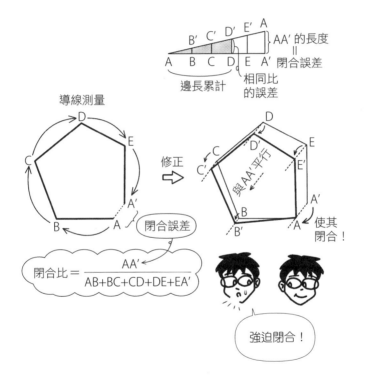

●如果只移動最後一個點來閉合圖形，無法修正其他點的誤差。因此，其他點也對應累計長度來移動。各點依累計長度的比例移動，最後的點便與最初的點重合。

●平坦地的閉合比容許上限是 $1/1000$。

Q 平板測量是什麼？

▼

A 如下圖，在架於三腳架的平板上，現場測量作圖的測量法。

在各測點上測定角度和距離，當場記錄下一個測點。繞過一圈測點後，多角形（導線＝骨架）就完成了。沿線記錄導線稱為**導線法**，因為依序測量，所以日文又稱其為**進測法**。

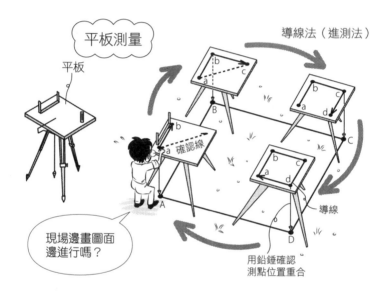

平板測量

導線法（進測法）

平板

確認線

現場邊畫圖面邊進行嗎？

導線

用鉛錘確認測點位置重合

• 不能期待平板像經緯儀（參見R025）一樣具高精度。也有從基地中央附近放射狀測量測點的放射法，但中央有建物時不能用這種測量法。

Q 照準儀是什麼？

▼

A 置於平板上，朝目標地點決定方向用的器具。

◆ 從孔（視孔）看向線（照準線），使圖面上的測線方向與地上的測線方向一致。照準儀（alidade）附有水準器（氣泡管），使平板維持水平。照準儀又稱為**視準器**。

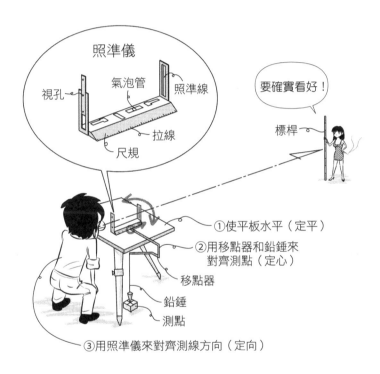

照準儀

視孔　氣泡管　照準線

拉線

尺規

要確實看好！

標桿

①使平板水平（定平）

②用移點器和鉛錘來對齊測點（定心）

移點器

鉛錘

測點

③用照準儀來對齊測線方向（定向）

- 用移點器（又稱求心器）和鉛錘（垂球），讓地上的測點與圖面上的測點重合。將照準儀直接對上移點器，確定方向後拉線，就能拉出測線。
- 使平板水平是定平，讓圖面上的測點與地上的測點一致是定心，讓方向與測線一致是定向。依定平→定心→定向的順序作業。

Q 測量距離要用什麼器具？

▼

A 用捲尺或光波測距儀。

■ 捲尺分為布製、聚乙烯被覆布製和鋼製，一般用鋼製捲尺。鋼製和布製捲尺的精度有別，不能併用。光波測距儀是在另一端的測點裝反射稜鏡，利用光的波長、往返振動數（波數）和相位差來計算距離的器具。

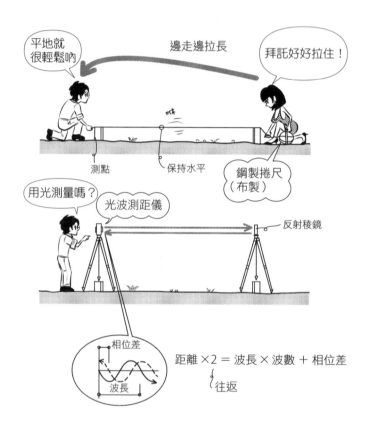

- 50m長的鋼製捲尺產品，誤差在10mm內才能出貨，此為檢定公差或容許誤差。測量時以檢定溫度20℃為基準，需做溫度校正。此外，還有張力、彎曲、偏離水平的傾斜等誤差。
- 光波測距儀需根據氣溫、氣壓、濕度做校正。現在光波測距儀都組裝在與電子經緯儀一體化的全測站（total station）裡使用。另外，更進一步開發了只需設置GPS天線在測點進行GPS測量，即可立刻做成平面圖的系統。

Q 測量角度要用什麼器具？

▼

A 用經緯儀（transit, theodolite）。

transit原意是通過、使旋轉，也是轉機之意。而theodolite原是天文經緯儀，現在兩者都指測量水平、垂直角度的儀器。角度刻度的顯示以電子形式為主流。凝視鉛錘或透鏡（光學垂球〔optical plumb〕）來對齊測點位置（定心）。

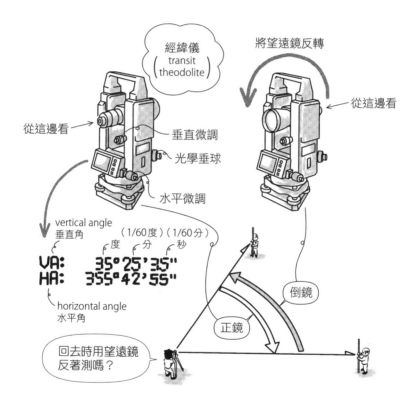

- 測量角度時，順時針（向右旋轉）為正鏡；反之，向左旋轉則是倒鏡。為了減少經緯儀的誤差，用望遠鏡測量完正鏡後，將望遠鏡縱向旋轉半圈再逆向測量倒鏡。計算正鏡和倒鏡的平均值，求出角度。
- 用磁鐵測出的北，與真北有偏差。偏離北方幾度的方位角，分為以磁北為基準順時針測量的磁方位角，以及以真北為基準順時針量出的真方位角。

Q 如何計算基地等的面積？

▼

A 用導線將圖面分割成三角形後，求出高來計算面積，或用三角比公式來計算等方法。

在圖面上畫分三角形後，一般是用在圖面上量出底和高來計算的**三斜法**（area by triangles）。因為是把近四角形的圖形斜切成三角形，故稱三斜法。此外，也可用經緯儀量測角度，再利用角度和距離來計算面積。

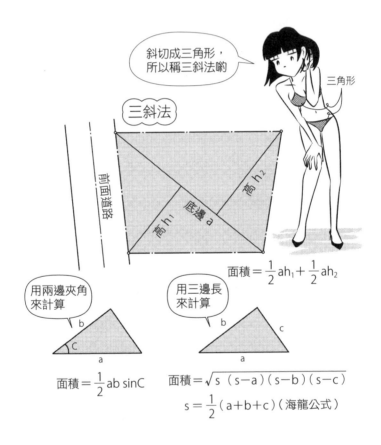

斜切成三角形，所以稱三斜法喲

三角形

三斜法

前面道路

高 h_1　底邊 a　高 h_2

面積 $= \frac{1}{2}ah_1 + \frac{1}{2}ah_2$

用兩邊夾角來計算

面積 $= \frac{1}{2}ab\sin C$

用三邊長來計算

面積 $= \sqrt{s(s-a)(s-b)(s-c)}$

$s = \frac{1}{2}(a+b+c)$（海龍公式）

- 用兩邊夾角計算面積的公式是 $\frac{1}{2}ab\sin C$。用三邊長來計算面積，則是先計算 $s = \frac{1}{2}(a+b+c)$，將 s 代入 $\sqrt{s(s-a)(s-b)(s-c)}$，也就是海龍公式（Heron formula）。
- 也有只畫圖面就能計算面積的求積儀（planimeter）等器具。

Q 測量高度要用什麼器具？

▼

A 用水準儀（level）和標尺（staff）。

■ level 意指高度，儀器的 level 則是指用來觀察水平的器具。一般常用能自動使視準線水平的自動水準儀。**標尺**是大型尺規。將標尺立於前後，用後面的數值（後視）－前面的數值（前視），即得出標高差。

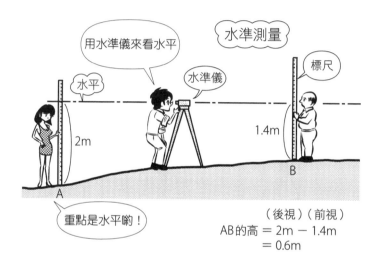

水準測量

用水準儀來看水平

水平　水準儀　標尺

2m　1.4m

A　B

重點是水平喲！

（後視）（前視）
AB的高 ＝ 2m － 1.4m
　　　 ＝ 0.6m

● 只量一次無法量測完高度的情況下，劃分出數個區間，反覆進行前視，統計後視－前視的數據，就能得出整體的高。測量高度的方法，稱為水準測量。

● 測量建物高度等時，用經緯儀量出直角，用此角的tan乘上距離，再加上經緯儀的高度，也能算出數值。

Q 基準點是什麼？

▼

A 施工時作為高度基準的水準點。

斷面圖、剖面詳圖的高度基準為 GL（ground line，地盤線、地面線），但實際的地面凹凸不平，無法作為基準。因此，選擇基地周圍的混凝土牆或道路等不會移動的部分，獲得許可後，以在上面塗裝或打釘等方式做記號。如果周圍空曠無物，則在地面打樁，於樁的上端標記基準點（benchmark），四周設置護欄，讓樁固定不動。

在長椅上標記號可不行喲！

會移動的東西✕

B M benchmark 基準點

高度的水準點

- 如果設計圖上的 GL 是設定從基準點往上 100mm 或往下 200mm，設定高度能夠適用於整個圖面。基準點有時縮寫為 BM。
- 日本整體的高度基準點，以國會議事堂前的尾崎紀念公園內的水準標石為準，其標高是以東京灣平均海平面（海拔 0）往上算起 24.4140m。
- bench 是平坦的工作台之意，其上標註 mark（記號），便成為基準。benchmark 原意是測量基準點、水準點，也是表示電腦系統性能或投資效率評價基準的用語。

Q 基地放樣是什麼？

A 為了確認建物位置，在地面上拉繩區隔範圍。

在地面上所拉的繩子也稱為**地繩**。實務上是用黃色尼龍繩或黃色細線，來確認建物的形狀、面向、圍牆及與鄰地的間隔、有無空調室外機裝設空間、車子能否進出等。有時會一邊確認地繩，一邊微移建物的配置。

5

水平標示、定位、墨線標記

Q 水椿是什麼？

▼

A 定位時為了拉引水線（水平標線），在地面上每隔1.8m處打入的椿。

在建物位置的外側，以1間（1818mm）的間距打椿。接著在中央處設置雷射水準儀，水平射出雷射，照在椿的一定高度位置上。在雷射光線處畫下黑線，便在水椿上標出水平位置。

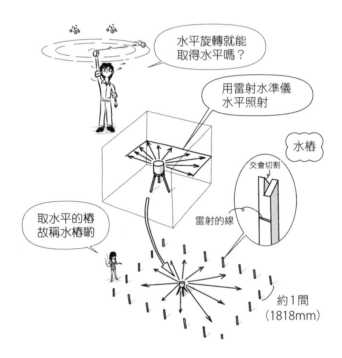

水平旋轉就能取得水平嗎？

用雷射水準儀水平照射

水椿

交會切割

取水平的椿故稱水椿喲

雷射的線

約1間（1818mm）

- 雷射水準儀最常用於內裝修工程。這種器具還能簡單測出地板平整與否。當雷射水平照射在牆壁上，量測從該位置至地板的高度，就能知道水平程度。垂直照射雷射，也可取得垂直。
- 如圖所示，水椿的上部為兩個相對的三角形，形成「交會切割」。惡作劇或不小心打到椿時會改變水平位置，為了避免水平位置改變，所以採用交會切割，只要一動到椿便能立即察覺。近來少見戲謔的情況，所以多為沒有交會切割的椿頭。
- 使用雷射水準儀、水準儀，以及裝有水的水槽或管子來取水平的作業，稱為水準定位。

Q 水平標樁是什麼？

▼

A 如下圖，水平固定在水樁上的橫桿（日文寫作「水貫」）。

日文的「貫」，是指在柱上打洞用以貫穿的細長薄板材。以前貫是作為木造房屋柱子的固定栓。現在因為會架斜撐，越來越少用貫。用雷射照射水樁並標上記號，記號處為上端，釘上橫桿。

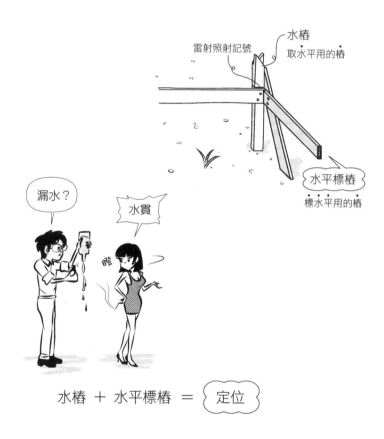

水樁 + 水平標樁 = 定位

●「定位」的日文「遣り方」是指水樁和水平標樁的假設物。也有説法指稱，意指手段或方法的「やり方」源自「遣り方」一詞。

Q 水線是什麼？

▼

A 從水平標樁上拉引，用以表示壁心、柱心等的線。

水線是使用黃色尼龍線。水平標樁是從 GL 往上一定高度位置定出水平，若在上面用釘子固定線，線也會呈水平。另外使用稱為**大三角規**（大矩）的直角尺規或斜邊長來取直角。

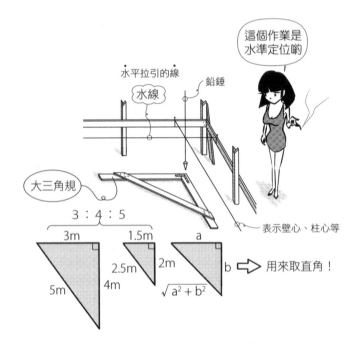

這個作業是水準定位喲

水平拉引的線

水線

鉛錘

大三角規

3：4：5

3m　1.5m　a

5m　2.5m　2m　b　⇒ 用來取直角！

4m　√a² + b²

表示壁心、柱心等

- 日文的「矩」是直角之意，大矩就是大型直角尺規。剖面詳圖是用來測定直角方向（高度方向）的圖面，角尺是彎曲成直角的 L 型尺規。測量直角三角形斜邊時，利用 3：4：5 比例或畢氏定理等。取長度 3m、4m、5m，或是其二分之一的 1.5m、2m、2.5m 來設直角。另外，可將經緯儀置於壁心與柱心的交點來取直角。
- 打水樁並測水平後設置水平標樁、拉水線的作業稱為「水準定位」。水準定位的日文「水盛り」，是指在桶內裝水來水平。現在小規模工程常用容器裝水，導入管中取得水平，這種器具稱為水準管。
- 定位的日文「遣り方」不只包含拉引水線的準備作業整體，也指水樁、水平標樁等假設物本身。

Q 墨線標記是什麼？

▼

A 在打底混凝土面、樓板、牆壁等處，用墨畫出壁心等必要的標線。

拉出捲在**墨斗**裡的線，拉緊對著混凝土面上彈線，便能畫出墨線。在砂礫上彈墨線會因為表面凹凸不平或砂礫移動，畫出不正確的線。因此，在砂礫上澆置**打底混凝土**（blinding concrete）後再進行墨線標記。

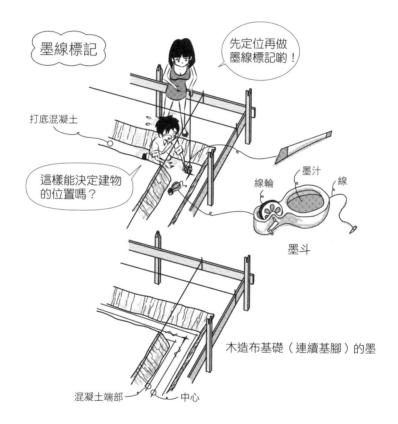

墨線標記

先定位再做墨線標記喲！

打底混凝土

這樣能決定建物的位置嗎？

線輪　墨汁　線

墨斗

木造布基礎（連續基腳）的墨

混凝土端部　中心

- 因為定位樁容易損壞，所以將墨線移至結構體或打底混凝土面（參見R132）、圍牆的混凝土部分或周圍道路境界的邊石等處。
- 這裡所說的不是傳統的墨斗，而是市售立起也不會溢出的小型容器。這種墨斗裡面裝有墨汁，能電動捲線便於使用。

Q 轉移墨線是什麼？

▼

A 當無法直接表示壁心等時，在距離真正基準線一定距離的地方所標記的墨線。

一旦澆置牆壁或柱的混凝土，就無法看見下面標記的中心墨線，因此在距離500mm或1000mm的平行位置標記墨線。

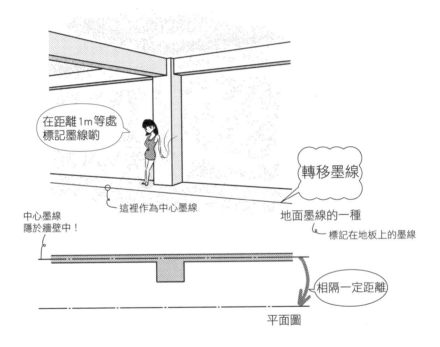

在距離1m等處標記墨線喲

這裡作為中心墨線

轉移墨線

地面墨線的一種

標記在地板上的墨線

中心墨線隱於牆壁中！

相隔一定距離

平面圖

● 標記在地板面上的墨線稱為地面墨線。地面墨線中與壁心平行的是轉移墨線。

Q 如何將轉移墨線畫至上一層樓？

▼

A 如下圖，在樓板上打洞，使用鉛錘在上樓層標記墨線。

RC造是一層層往上蓋混凝土結構體。上樓層的轉移墨線必須畫在下樓層轉移墨線的正上方，因此需要預留小孔，使鉛錘能夠垂直對齊下樓層的轉移墨線。這個孔稱為墨線轉移點。

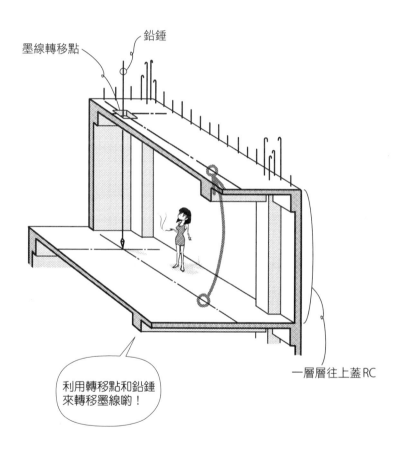

鉛錘

墨線轉移點

一層層往上蓋RC

利用轉移點和鉛錘來轉移墨線囉！

Q 水平墨線是什麼？

▼

A 從混凝土地面水平往上一定距離位置標記的墨線。

呈水平的墨線，所以稱為水平墨線。當混凝土地面敷上砂漿或鋪上地板格柵等裝修材時，經常進行這個作業。雖然混凝土地面被蓋住了，但可以從水平墨線往下幾mm來作為高度基準。

- 水平墨線的日文又稱為「陸墨」，「陸」有水平之意。
- 混凝土樓板的高度SL是slab level的縮寫，地板高度FL則是floor level的縮寫。

Q 垂直墨線是什麼？

▼

A 垂直標記的墨線。

縱向標記在混凝土的柱或牆壁上的墨線，為垂直方向的基準。在柱心、窗戶中心或門扇中心標記的垂直墨線或地面墨線，都稱為**中心墨線**。

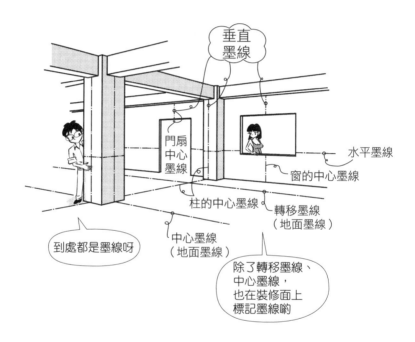

● 水平墨線、垂直墨線都是以轉移墨線為基準來測量位置，使用雷射水準儀定出水平垂直後，在其上標記墨線做成。

Q 鋼骨造等的構件接合時，如何使柱垂直？

A 如下圖，使用長鉛錘測量上下端與柱的距離，或用經緯儀縱向視準柱心等方法。

為了測量鉛錘與柱的距離，也會垂直固定長尺規，稱為垂直尺規。要立起柱或牆時，取垂直至關重要。

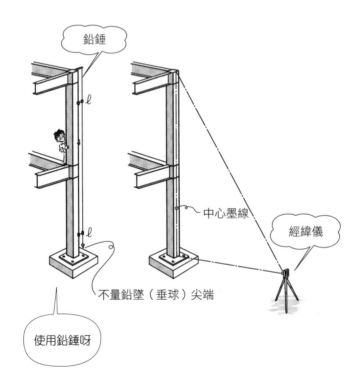

鉛錘

ℓ

ℓ

中心墨線

經緯儀

不量鉛墜（垂球）尖端

使用鉛錘呀

- 構件接合是指在鋼骨造或木造中，組立柱梁等主要結構材。
- 鉛錘的鉛墜尖端可能重心偏離中心點，所以只測定線的部分。鉛錘的鉛墜又稱為垂球。
- 構件接合時，會將鋼索以X狀掛上並拉緊來使柱垂直，稱為鉛錘改正。

Q 如何測量擋土牆是否變形？

▼

A 如下圖，將鉛錘和尺規裝在擋土牆上，定期測量變形程度。

擋土牆是為了避免土崩塌所做的牆壁，一直撐著側向土壓力。為了預防發生事故，必須定期測量擋土牆是否因側向土壓力而變形。

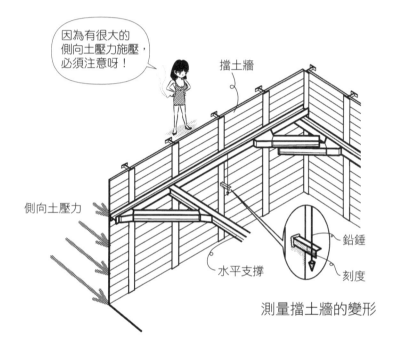

因為有很大的側向土壓力施壓，必須注意呀！

擋土牆

側向土壓力

水平支撐

鉛錘

刻度

測量擋土牆的變形

● 裝在水平支撐上的測定器等也可以測量變形。關於擋土牆、水平支撐等，請參見 R096之後的篇章。

Q 若以粒徑來區分，土可分為哪些類型？

▼

A 如下圖，分為礫石、砂、粉砂和黏土。

■ 地盤的類別是根據土壤顆粒的大小和粒徑來分類。

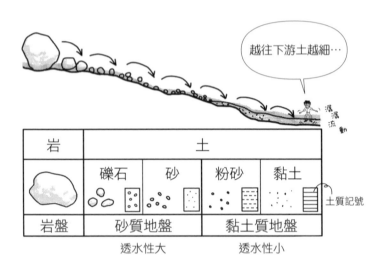

越往下游土越細…

岩	土			
	礫石	砂	粉砂	黏土
				土質記號
岩盤	砂質地盤		黏土質地盤	
	透水性大		透水性小	

- 粒徑 2mm 以上是礫石，0.074mm 以上不到 2mm 是砂，0.005mm 以上不到 0.074mm 是粉砂，不到 0.005mm 是黏土。河川的上游多為岩石或礫石，越往下游砂和粉砂越多，河口附近則堆積著黏土。不容易被水流走的大顆粒殘留在上游，顆粒越小越易沖到下面。
- 砂質地盤因為粒徑較大，透水性較好。黏土質地盤的顆粒較小，具有水較難滲透的重要性質。井水等從砂質層冒出，沼澤或池底則是黏土層。
- 土壤相關地學是通泛的學問，含括諸多學科領域。以力學角度來看地盤，是關於土壤力學、土壤工學。適用於建築物等設計、施工方面的學問，為地盤工學等。

Q 土壤的三角座標是什麼？

▼

A 如下圖，為了區分土壤的分類名而根據砂礫、粉砂、黏土的比例所做成的圖形。

土壤為各種粒徑的混合，所以根據混合比例，土壤有不同分類。這種土壤的分類是用三角座標來定義。

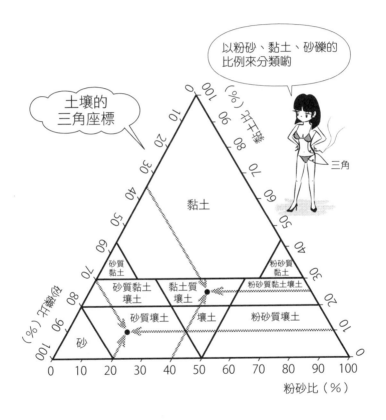

以粉砂、黏土、砂礫的比例來分類喲

土壤的三角座標

三角

- 粉砂 20%、黏土 10%、砂礫 70% 為砂質壤土，粉砂 40%、黏土 25%、砂礫 35% 為黏土質壤土，用比例來了解分類。
- 變數有三個的座標是有橫軸 x、縱軸 y、高度軸 z 的三次元座標。三次元座標是立體座標，用紙的二次元平面來看很難理解。之所以採用三角座標，是因為三變數的比一目瞭然，以及 x+y+z = 100 較易組成正三角形等特點。

Q 承載力較大的是哪種地盤？

▼

A 岩盤＞硬盤≒密實的卵礫石層。

位在沖積層下方（前一時期）的洪積層上的硬質黏土層或泥岩層，稱為硬盤（hardpan）。密實固定的卵礫石層也和硬盤一樣，為承載力較大的地盤。

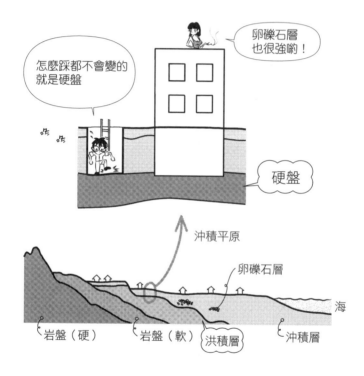

- 厚岩盤承載力最強，紐約曼哈頓和香港之所以能高層建築林立，就是因為位於岩盤上。
- 根據日本建築基準法，地盤的長期容許應力分別是，岩盤 1000kN/m²、硬盤 300kN/m²、密實卵礫石層 300kN/m²，短期容許應力則為長期的兩倍（施行令 93 條）。1000kN 約 100 噸，300kN 約 30 噸重。1 噸大約等於一台小客車的重量。

Q 如何利用地盤深處的卵礫石層支撐建物？

▼

A 在基礎下打基樁來支撐。

堅硬密實的卵礫石層是很好的承載層。東京有東京卵礫石層、武藏野卵礫石層和立川卵礫石層等，用基樁傳遞力量到承載層。基樁的底端打入承載層超過 1m 處，深入固定。

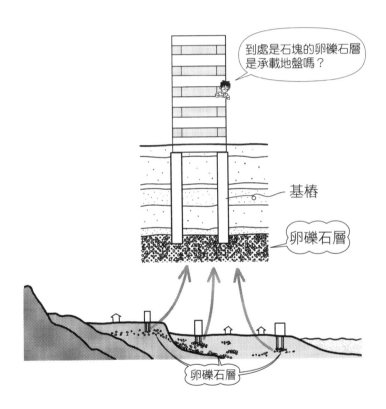

到處是石塊的卵礫石層是承載地盤嗎？

基樁

卵礫石層

卵礫石層

- 根據日本建築基準法施行令，密實卵礫石層的長期容許應力是 300kN/m^2，短期容許應力為其兩倍。硬盤的規定相同。
- 礫石厚厚地堆積在洪積層上部、沖積層下部。大型建物的基樁多是打在卵礫石層裡。有時軟質地盤中也有卵礫石層。

Q 壤土層是什麼？

▼

A 壤土（loam）一般係指黏土質比例較多的地盤。關東壤土層是富士山、赤城山和淺間山等的火山灰變硬形成的黏土質地盤。

木造、兩層樓或三層樓鋼骨造、兩層樓鋼筋混凝土造等輕型建物，多是在壤土層上加基腳基礎（footing foundation）或筏式基礎（raft foundation）建成。

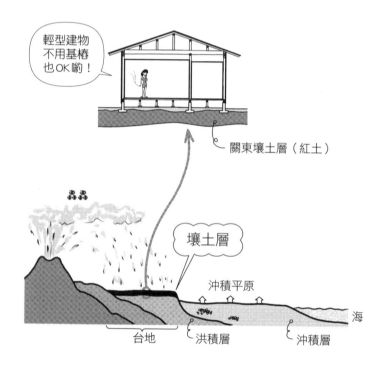

輕型建物
不用基樁
也OK喲！

關東壤土層（紅土）

壤土層

沖積平原

海

台地　洪積層　沖積層

- 在台地上的關東壤土層，許多地方地盤堅固。如果不需打基樁或地盤改良，可大幅節省成本。
- 根據日本建築基準法施行令，硬質壤土層的長期容許應力是 100kN/m²，壤土層是 50kN/m²，短期容許應力為長期的兩倍。100kN 為 10 噸，50kN 是 5 噸重。大略而言，鋼筋混凝土造的結構，每 1m² 單位重，包括牆、柱、梁、荷物等的總重約 1 噸，基礎則約 1.5 噸重。兩層樓建物還包括地板、屋頂和耐壓板共四部分，1.5+1+1+1=4.5 噸。總重低於 10 噸，所以能在硬質壤土層上建造筏式基礎。當然，地盤調查和結構計算是不可或缺的。

Q 鑽探是什麼？

▼

A 在地盤上挖洞，用以調查地質等。

在地面上挖出直徑 10cm 左右的洞，根據挖洞位置的不同，地質會有不同變化，因此需在基地幾處地方進行鑽探（boring）。例如，卵礫石層在某一邊的深度是 20m，另一邊可能傾斜至深度 25m。

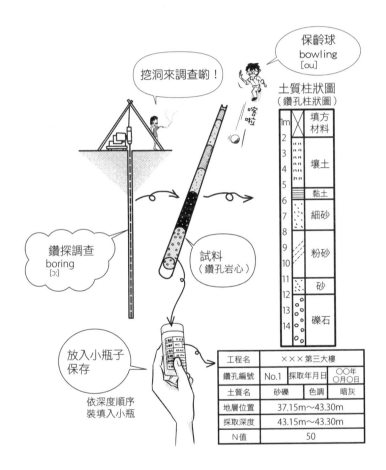

工程名	×××第三大樓	
鑽孔編號	No.1 採取年月日	○○年○月○日
土質名	砂礫 色調	暗灰
地層位置	37.15m～43.30m	
採取深度	43.15m～43.30m	
N值	50	

- 取出的土為試料（sample，鑽孔岩心〔boring core〕），將其分類並裝入小瓶子保存。用試料來製作土質柱狀圖（soil boring log，鑽孔柱狀圖〔boring log〕）。
- 由於鬆散的砂或砂礫層的鑽探孔壁容易崩壞，所以用皂土穩定液（參見 R061）或套管（參見 R060）來固定。

Q 鑽探試驗是什麼？

A 在地盤上放入抵抗物，透過打擊或鑽入來調查地盤強度等的試驗。

測探（鑽探）一詞的原文 sounding 是胸腔等聽診檢查，在無法直接打開
調查內部時，利用回音或阻力來探查預測內部。土壤調查時也無法看到
內部，所以利用打擊或鑽入的方式來調查承載力等。如同測試木頭硬
度，可用釘釘子或轉螺絲的方式進行。

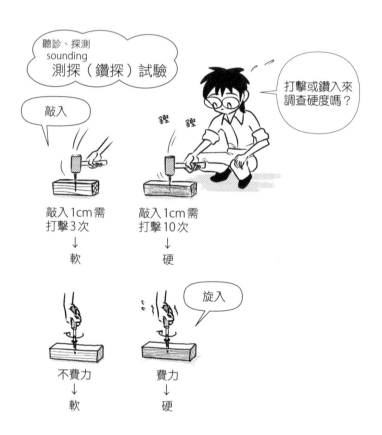

Q 標準貫入試驗是什麼？

▼

A 將一定重量的落錘從一定高度落下，測試貫入30cm所需的次數，以推定地盤硬度的試驗。

標準貫入試驗（standard penetration test）是代表性的鑽探試驗。為了統一打擊強度，定出高度75cm、落錘63.5kg。由於直接用落錘打入孔底，不只困難且正確性低，所以在孔洞裡放置鑽探棒，讓落錘打擊在鑽探棒頂端的鐵砧，計算鑽探棒深入30cm所需的打擊次數。落錘重量、落下高度和鑽探棒前端的**劈管採樣器**（split sampler）等都規格化，所以稱為標準貫入試驗。

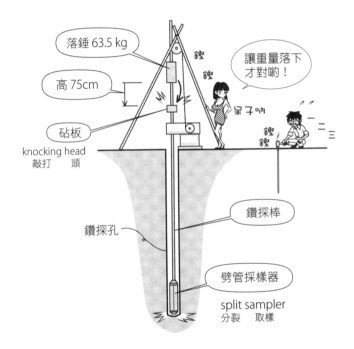

- 劈管採樣器可一分為二（split）取出試料（sample）。貫入土中後拔出採樣器，打開取出裡面的試料。也可在貫入試驗結束後取出。
- 砧板是為了避免鑽探棒頂部直接受到落錘打擊而裝置的。
- 為了避免落錘打擊次數錯誤並獲得正確的試驗結果，有時用機械自動控制落錘的落下和計算次數。

Q N值是什麼？
▼

A 標準貫入試驗中落錘貫入30cm所需落下的次數，主要作為表示地盤強度的指標。

鑽探調查可同時採取試料，並進行每1m左右的標準貫入試驗。貫入30cm所需次數為N值。打擊次數設定在50次以內，如果50次打擊仍舊沒有貫入30cm，則改測第50次打擊的貫入量後再進行下一輪試驗。在土質柱狀圖旁畫上表示N值的圖，承載層位置便一目瞭然。因為可同時進行鑽探和試料採取，所以是日本最常採用的試驗。

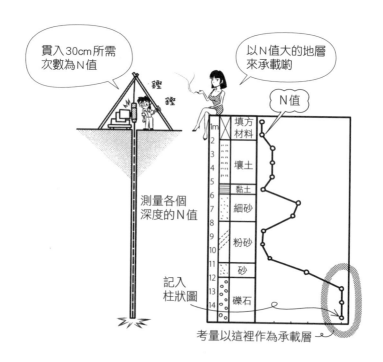

● 如果是較重的RC造或S造建物，大多以N值50以上、5m以上的砂礫層或卵礫石層作為基樁的承載地盤。

Q 即使N值相同，砂質和黏土質的承載力會不同嗎？

▼

A 會不同。

即使N值相同，砂質和黏土質的性質也大不相同。如N值為5的砂質土很軟，是很可能液化的不安定地盤。然而，N值5的黏土質地盤屬較安定的地盤。需注意隨著地質不同，N值代表的意思也不一樣。

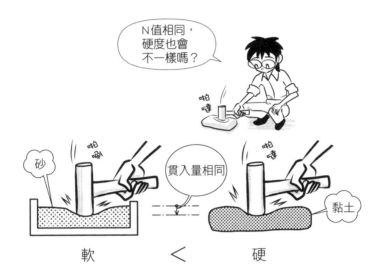

- 砂質和黏土質的N值所代表的意思不同，所以需用粒度試驗等來判斷。粒度試驗是利用篩分析多大的顆粒有多少量的試驗。
- 一般而言，標準貫入試驗適用於砂質地盤，較軟的黏土質地盤則用十字片剪試驗（參見R053）或荷蘭式圓錐貫入試驗（參見R054）。

Q 當鑽探到卵石時，N值如何變化？

▼

A 地盤會出現過大數值。

鑽探偶爾碰到卵石或較大的岩石時，不管打擊幾次都無法貫入，N值會異常大。隨著孔洞位置改變，試驗結果也不同。因此，測量看不見的地底N值，需注意數值的可信度。

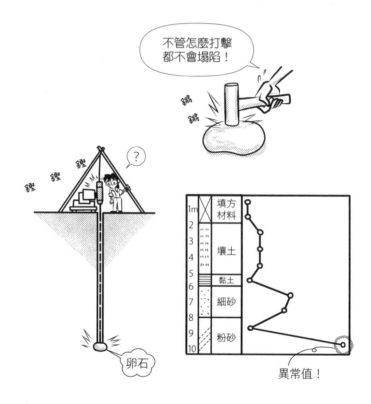

Q 鑽探孔內水位和地下水位一致嗎？
▼
A 一般不會一致。

為了不讓孔壁崩壞，會加入皂土穩定液（又稱泥水，參見R061）。皂土
穩定液會在孔壁的土粒子之間形成保護膜，防止水滲入。由於地下水難
滲入，孔內的水位會比地下水位低。

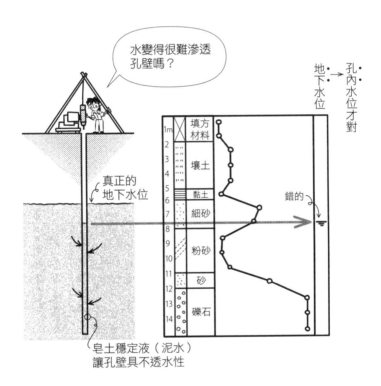

• 若用鑽探孔來調查地下水位，需用清水（普通的水）對孔壁施壓（參見R062），
或採取不用水來挖洞（無水挖掘）等方法。

Q 瑞典式貫入試驗是什麼？

▼

A 用**螺旋鑽頭**（screw point）鑽入土中，根據產生的抵抗力來推算地盤強度的試驗。

瑞典式貫入試驗（Swedish penetration test）是鑽探試驗的一種。用鑽力來推算硬度。為了讓鑽力相同，裝上100kg的砝碼鑽入，計算貫入25cm所需旋轉數。用於調查深度10m以內的淺層地盤。

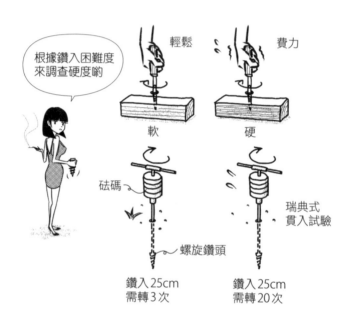

● 因為是瑞典國營鐵路用以調查地盤的方法，因而得名。除了手動，也有用機械自動鑽入的方式。用於淺層地盤，所以木造住宅常用這種方式調查地盤。

Q 十字片剪試驗是什麼？

▼

A 轉動十字形的翼片，根據產生的抵抗力來推算地盤強度的試驗。

十字片剪試驗（vane shear test）是鑽探試驗的一種。用手轉十字片來測量抵抗值（moment，力矩），根據翼片的大小和力矩來推測地盤強度。用於測量軟黏土質地盤強度。

●vane是渦輪、風見雞等的翼板、羽片。

Q 荷蘭式圓錐貫入試驗是什麼？

▼

A 用圓錐形試驗錐體貫入地盤，根據產生的抵抗力推算地盤強度的試驗。

圓錐分為內管和外管，內管前端有錐體。荷蘭式圓錐貫入試驗（Dutch cone penetration test）是鑽探試驗的一種，用前端錐體壓入地盤時所受到的阻力，來推測地盤強度。

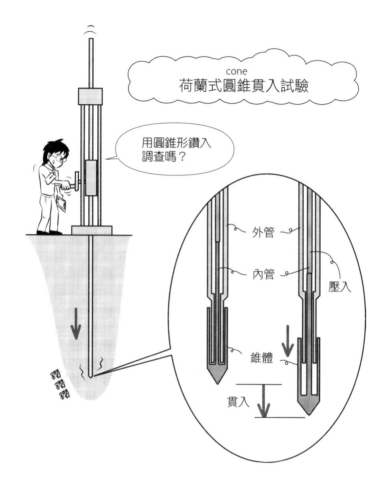

●cone是指圓錐形。

Q 哪些鑽探試驗適合用來測試較淺表土層的軟黏土質地盤？

▼

A 十字片剪試驗、荷蘭式圓錐貫入試驗等。

這裡做個鑽探試驗的總整理吧。鑽探試驗中，適合軟黏土質地盤的是十字片剪試驗和荷蘭式圓錐貫入試驗。能夠採取土質試料的，只有標準貫入試驗。

鑽探試驗

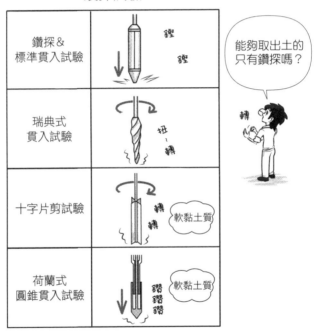

● 黏土質地盤的調查方法，還有可在室內進行的單軸壓縮試驗（uniaxial compression test）、三軸壓縮試驗（triaxial compression test）、壓密試驗（consolidation test）等。單軸壓縮試驗是在讓土壤無束縛情況下壓縮的試驗。三軸壓縮試驗是把土壤放在圓筒內壓縮的試驗。壓密試驗是模擬因加壓排水經過一段時間後產生的壓密沉陷現象來進行的試驗。

Q 抽水試驗是什麼？

▼

A 如下圖，以**抽水井**為中心，十字形設置**觀測井**來求地下水位和滲透係數的試驗。

■ 從抽水井汲出地下水時，附近的觀測井水位會受影響而下降。下降得很快，就表示滲透性高。

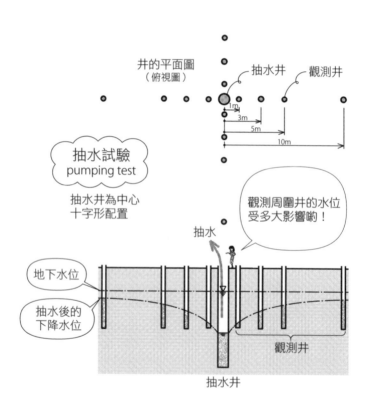

井的平面圖
（俯視圖）

抽水井　觀測井

1m
3m
5m
10m

抽水試驗
pumping test

抽水井為中心
十字形配置

觀測周圍井的水位
受多大影響喲！

抽水

地下水位

抽水後的
下降水位

觀測井

抽水井

- 日文的「井」是指水井。油井的「井」讀音為「せい」（sei），抽水井的「井」一般讀為「い」（i）。
- 地下水流的公式v=ki（達西定律〔Darcy's Law〕）。v是滲流速度[cm/sec]，k是滲透係數[cm/sec]，i是水力坡度。水力坡度i=h/L，h是水頭高[cm]，L是距離[cm]，利用此式來求滲透係數。進行開挖工程和場鑄樁工程時，滲透係數特別重要。

Q 孔內側壓試驗是什麼？

▼

A 在鑽探孔內施加荷重，調查地盤強度和變形特性的試驗。

孔內側壓試驗分為在孔底施加荷重的垂直載重，以及在孔壁施加荷重的水平載重。垂直載重是用油壓千斤頂由上往下施加荷重，根據其反作用力和變位來調查強度和變形特性等。水平載重則是利用油壓、水壓或氣壓等使試驗體膨脹，對孔壁施加荷重。

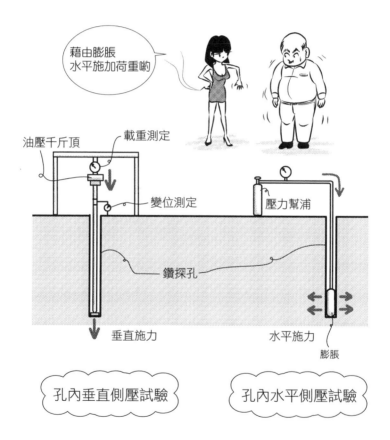

Q 平板載重試驗是什麼？

▼

A 如下圖，在圓盤狀平板上施加重量，調查地盤強度和變形特性的試驗。

◆ 平板（載重板）是直徑 30cm、厚 25mm 的圓形鋼板。平板載重試驗（plate bearing test, plate loading test）可調查深度在大約板寬 1.5～2 倍以內的地盤。因為可以直接對土施加荷重，所得結果可信度較高，但僅限於挖方底部等淺層部分。

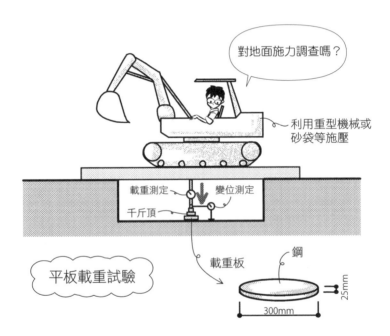

對地面施力調查嗎？

利用重型機械或砂袋等施壓

載重測定　變位測定

千斤頂

平板載重試驗

載重板

鋼

300mm

25mm

Q 場鑄混凝土樁是什麼？

▼

A 挖洞澆置混凝土做成的樁。

相對於埋設工廠預製的混凝土樁，也就是**預鑄混凝土樁**，場鑄混凝土樁（cast-in-place concrete pile）是在現場挖洞、置入鋼筋並澆置混凝土做成。關於保護已挖好的孔洞不崩壞，或是在挖掘的同時保護孔壁，有許多對應的打樁方法。

7

基樁工程

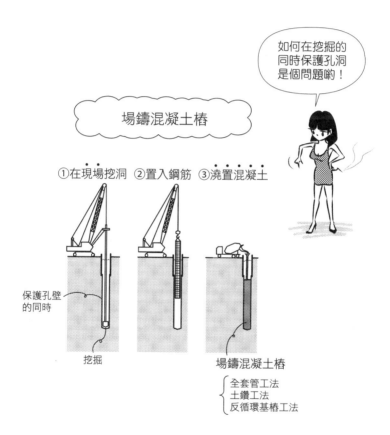

如何在挖掘的同時保護孔洞是個問題喲！

場鑄混凝土樁

①在現場挖洞 ②置入鋼筋 ③澆置混凝土

保護孔壁的同時

挖掘

場鑄混凝土樁

　全套管工法
　土鑽工法
　反循環基樁工法

● 可省略「混凝土」，稱為「場鑄樁」。代表性的場鑄混凝土樁工法有下列三種：全套管工法、土鑽工法和反循環基樁工法（參見R063）。

Q 套管是什麼？

▼

A 避免孔壁崩壞所用的管或框架。

挖打樁用的孔洞時，土會塌陷。為了防止這種現象而放入的管就是套管（casing）。就像把筒放入沙坑中再挖洞，那就是套管。套管一般為鋼管，又稱為 casing tube。

洞塌了！

放入筒再挖洞就不會塌！

保護孔壁的筒就是套管

● casing 有外箱、袋、筒、香腸腸衣、保護水井孔或油井孔的管等意思。
● 靠近地表的土壤並不固實，所以才在地表附近使用套管。

Q 皂土穩定液是什麼？

▼

A 防止孔壁崩壞用的穩定液。

皂土穩定液（bentonite liquid）會滲入砂粒子間，形成保護膜。當保護膜形成時，不僅孔壁不易崩塌，也有抑制地下水滲入的效果。

光倒入皂土穩定液就讓孔壁不會塌！

咕嚕咕嚕

保護膜

砂粒子

皂土穩定液

如玉米濃湯般黏稠的泥水

● 皂土穩定液是一種微細的黏土，主要成分是稱為蒙脫土（montmorillonite）的礦物。若是使用皂土穩定液，挖洞時就不必用又重又大的套管，施工比較容易。皂土穩定液有時也稱為泥水。

Q 可以用水來保護孔壁嗎？

▼

A 有一定程度的水壓就可以。

■ 有 2m 高度的水壓，就能保護孔壁。

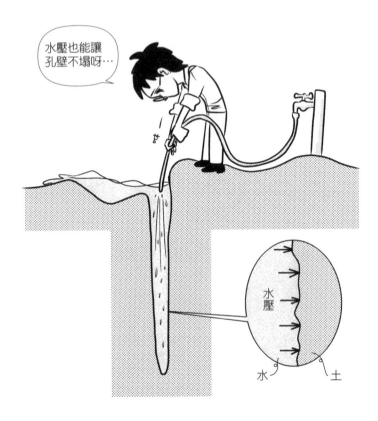

水壓也能讓孔壁不塌呀…

水壓

水　　土

● 用水保護孔壁時，要有高度 2m 以上，換算壓力要有 200gf/cm² ≒ 2N/cm² 以上。若有地下水，從地下水位算起往上 2m 以上的高度裡灌滿水。相對於皂土穩定液（泥水），日文中將這樣的水稱為清水。

Q 根據保護孔壁的方式，有哪些樁工法？

▼

A 1.用套管保護　　　→　全套管工法
2.用皂土穩定液保護　→　土鑽工法
3.用水壓保護　　　　→　反循環基樁工法

◆ 根據開孔方式和保護方法，分為數種工法。樁全長都用套管：**全套管工法**（all casing method）。邊挖孔邊用皂土穩定液保護孔壁：**土鑽工法**（earth drill method）。將汲出的水反覆灌入孔中來保護孔壁：**反循環基樁工法**（reverse circulation drilling method）。

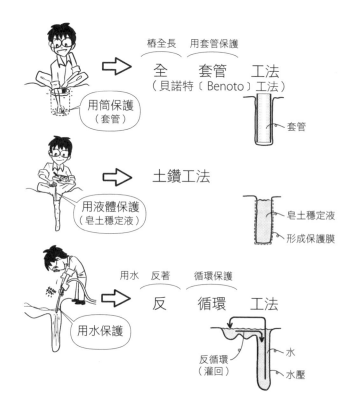

●和挖孔後澆置混凝土的情況差異不大。

Q 如何把套管的筒放入土中？

A 有反覆左右轉動的**搖管器式**（oscillator）和整圈轉動的**全旋式**（rotary）。

邊除去套管中的土，邊將套管的筒往土中深入，不僅是將套管垂直往下壓，還要緩緩轉動套管。

> 搖管器式：左右轉動
> 全旋式　：整圈轉動

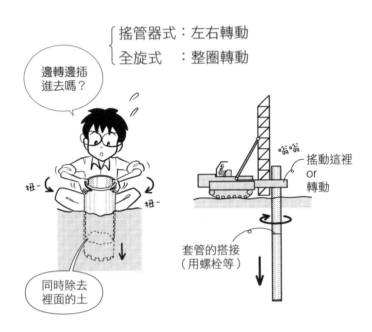

●通常只需搖動套管，但碰到石頭或岩石就無法鑽入，所以開發出其他工法，在套管前端裝上能切削土層的刀刃，邊轉動邊深入。這項工法雖有別稱，但其實只是全套管工法的升級版。

Q 鯊魚頭是什麼？

▼

A 掘出套管內部砂土的機械。

glove是像手套的抓土用機械。鯊魚頭（hammer glove）從套管上方落入套管中時，像鐵鎚一樣衝擊土表插入土裡，接著抓起砂土卸在卡車上。

抓出筒中的土呀

鯊魚頭

套管

全套管工法

●全套管工法使用的機械包括懸吊鯊魚頭部分和搖動套管部分一體化的機械，以及另外用起重機吊起鯊魚頭的機械。

Q 鎚鑽鑽孔是什麼？

▼

A 邊轉動邊將砂土裝入桶中，土鑽工法用的挖掘機械。

bucket是桶，裝土的容器。drilling bucket（鎚鑽鑽孔）是附有鑽頭的轉動桶。當容器下的鑽頭邊轉動時，附著在刃上的土會被轉入桶裡。從孔洞中取出鎚鑽鑽孔，打開蓋子，把土倒在預定位置。

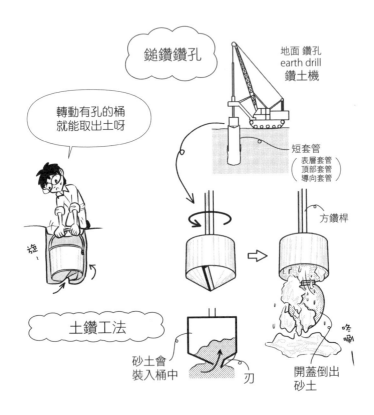

- 土鑽工法只會在最上部使用套管（稱為表層套管、頂部套管、導向套管等），因為只靠皂土穩定液無法穩定接近地表較軟的土層。在沒有地下水且具黏性的土層，挖掘有時不需使用套管。
- 將鎚鑽鑽孔吊起轉動，斷面為四角形的棒狀物，稱為方鑽桿（kelly bar）。

Q 旋轉刃頭是什麼？

▼

A 能藉由中央的管子將水吸上來，反循環基樁工法用的挖掘機械。

旋轉刃頭（rotary bit）是藉著轉動挖土，再用水一起吸引上來。被吸上來的水，除去汙泥後，再次灌入樁孔。

- 旋轉刃頭又稱為旋轉鑽頭、掘削鑽頭等。鑽頭的刀刃部分稱為 bit。先在地表處插入大型立管（standpipe），再開始挖掘。用立管施工時，和全套管工法一樣，使用鯊魚頭和套管等搖動（轉動）施工的裝置。
- 第一次在書上讀到將吸上來的水灌回去的反循環時，對人類在許多方面的發想感到佩服。離題一下，在教一位女學生關於樁的內容時，她正好跟前男友復合，於是開玩笑說「戀情的反循環」。

Q 如何處理旋轉刃頭吸上來的水和砂土？

▼

A 在沉澱池或蓄水槽中沉澱砂土後，再將水灌回原來的孔內。

用旋轉刃頭挖出的砂土，和水一起經由鑽管抽出，排放在沉澱池或蓄水槽中。在此沉澱並除去泥沙，再把水灌回原處。因為將水灌回循環（反循環），所以稱為反循環基樁工法。

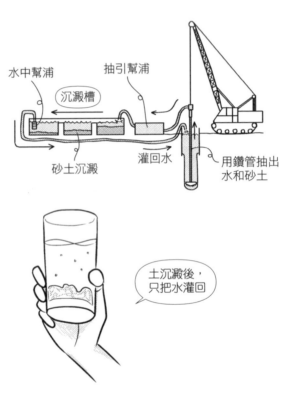

水中幫浦　抽引幫浦
沉澱槽
砂土沉澱　　灌回水　　用鑽管抽出水和砂土

土沉澱後，
只把水灌回

- 使用抽引幫浦（suction pump）把水抽上來。suction是抽引的意思。
- 孔內的水溶有黏土、粉砂（比砂小而比黏土粗的顆粒）等微粒，會附著在孔壁形成厚度（泥壁〔mud cake〕），若進一步增加水壓，將使孔壁安定。施加比地下水位高2m（水頭壓力2m）的水壓，等於頭頂承載高度2m以上的水壓力施於孔壁上。

Q 三種場鑄樁工法的孔壁保護方式和掘削法是什麼？

▼

A 如下圖，全套管工法是用套管＋鯊魚頭，土鑽工法是皂土穩定液＋鎚鑽鑽孔，反循環基樁工法是利用水壓＋旋轉刃頭。

這裡整理一下三種工法。以挖掘深度來看，接續套管的全套管工法是最淺的，只用水的反循環基樁工法最深。

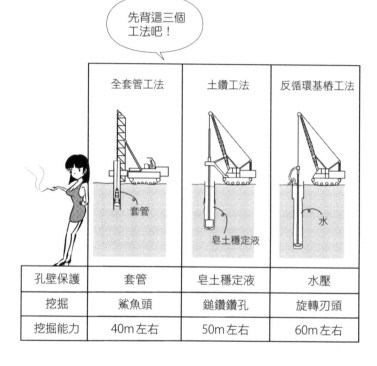

先背這三個工法吧！

	全套管工法	土鑽工法	反循環基樁工法
孔壁保護	套管	皂土穩定液	水壓
挖掘	鯊魚頭	鎚鑽鑽孔	旋轉刃頭
挖掘能力	40m左右	50m左右	60m左右

Q 除了全套管工法、土鑽工法、反循環基樁工法，還有其他場鑄樁工法嗎？

▼

A 有 **BH工法、人工擋土柱工法**（man-cut retaining pile method）等。

◆ BH 是 boring hole 的縮寫，使用有大馬力的鑽探機械，利用機器前端的鑽錐（boring bit）進行挖掘。人工擋土柱工法則是以人力在孔底挖掘。

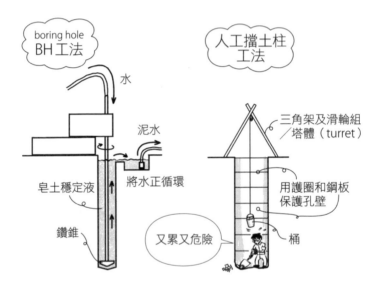

● 若採 BH 工法，水從鑽桿中流入孔內，將砂土溶解並藉由水從下往上流動而排出。排出的泥水不是直接處理掉，而是除去泥砂的水再循環至孔底使用。不同於反循環基樁工法的逆循環，而是正循環。相對於反循環而用正循環這個名稱，並不包含「正確」的意思。兩者的差別是，反循環基樁工法是從孔上方進入，BH則是從孔底進入。

Q 沉泥是什麼？

▼

A 沉澱在孔底具黏性的砂土。

崩落的土或泥水中的砂土沉澱在孔底，和水混在一起的東西。混凝土若是混有沉泥（slime），硬化時會產生缺陷，特別是如果發生在樁最底部的承載層部分，問題會很嚴重。因此，鑽孔後一定要除去沉泥。

別挖鼻孔！

黏黏濕濕
滑膩的
就是沉泥

沉泥

砂土等
沉澱物

●黏糊糊的、滑膩的、滑溜具黏性的物質，一般即稱為 slime。

Q 如何處理孔底的沉泥？

▼

A 利用①開底挖泥式、②氣舉式、③幫浦吸引式等除去。

①**開底挖泥式**是用抓斗小心挖取沉泥，全部取出。②**氣舉式**（airlift）是將壓縮空氣送到底部，製造出上升氣流，以特密管（參見R074）排出沉泥。③**幫浦吸引式**是在特密管的上端或中間裝上幫浦，將沉泥和水一起吸引上來。

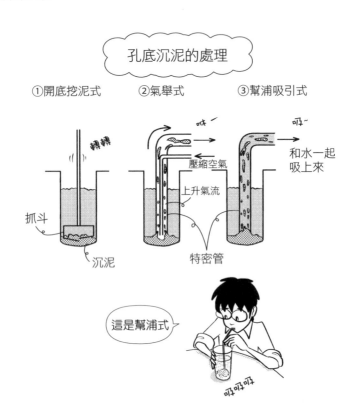

孔底沉泥的處理

①開底挖泥式　　　②氣舉式　　　③幫浦吸引式

轉轉

吥

吸~

和水一起吸上來

壓縮空氣

上升氣流

抓斗

沉泥

特密管

這是幫浦式

吸吸吸

Q 鋼筋籠是什麼？

▼

A 如下圖，挖掘樁孔後置入的籠狀鋼筋。

🔲 在地上組立成的鋼筋籠（reinforcement cage），用起重機吊起放入樁孔中，以做成鋼筋混凝土樁。為了讓鋼筋和土互不接連（預留混凝土保護層的厚度），也銲接上間隔器。

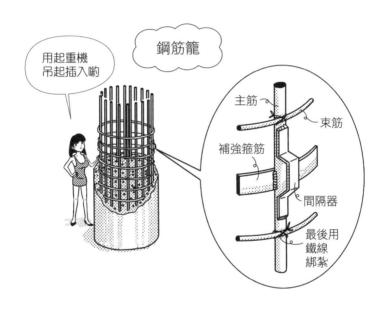

鋼筋籠

用起重機
吊起插入喲

主筋

束筋

補強箍筋

間隔器

最後用
鐵線
綁紮

● 縱向主筋銲接在圓環狀的補強箍筋周圍，接著繞上束筋並用鐵線綁紮完成。間隔器是避免與土接觸時鋼筋籠被破壞，用平鋼或鋼筋製成，比一般間隔物更堅固。

Q 特密管是什麼？

▼

A 在水中澆置混凝土所用的管子。

椿孔挖好置入鋼筋籠後，接著就要澆置混凝土了。使用場鑄椿時，有地下水、皂土穩定液和反循環基椿工法的水產生水壓來支撐孔壁，所以幾乎都是在水中澆置混凝土。這些作業常借助特密管（tremie pipe），在看不見的孔中進行。

①挖掘　②置入鋼筋籠　③澆置混凝土

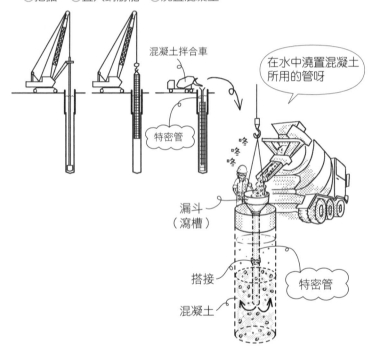

- 特密管有200、250、300mm等不同內徑尺寸，以及1、2、3m等長度。
- 特密管上部像漏斗的裝置，稱為漏斗（hopper）或瀉槽（chute）。
- 鋼筋籠和特密管都是反覆搭接來加長。若要拉起特密管，需要一根根拆除。上圖為了方便閱讀，省略了鋼筋部分。

Q 澆置混凝土時如何處理特密管？

▼

A 維持埋在混凝土中2m以上的狀態，慢慢往上拔出。

特密管內部先端處放置稱為**橡皮栓塞**（plunger）的板，防止水混入混凝土。橡皮栓塞會從特密管的最下面脫離落在底部，而混凝土從最底部開始往上增加。如果放著特密管不管，混凝土固化時會無法拔出。為了不讓水混入，管必須維持在埋於混凝土2m以上的狀態，一邊拉起拔出。

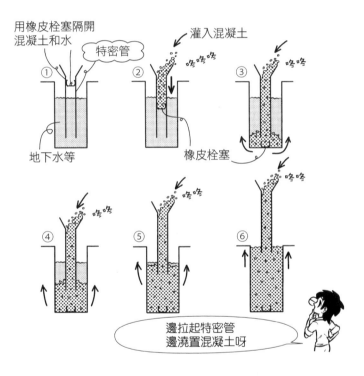

● 混凝土的比重是2.3，水重的2.3倍，所以會沉澱在水底。為了方便理解，繪製上圖時放大樁和特密管的直徑並省略鋼筋。實際上拔起的特密管會依序拆解，漸漸變短。

● 使用套管的全套管工法，在拔除特密管的同時，也會拔除套管。一旦混凝土固化，套管也無法拔除。

Q 水泥浮漿是什麼？

▼

A 浮在預拌混凝土（ready-mixed concrete）表面的微細物質等不純物。

水泥、砂、礫石中的微粒，混於水中浮在上層的不純物，就是水泥浮漿（laitance）。就像鍋料理的渣一樣。

- 預拌混凝土是指固化之前「預先攪拌」的混凝土，也稱為新拌混凝土（fresh concrete）。
- 固化混凝土上面的水泥浮漿，要用鋼絲刷或研磨機等去除。如果在水泥浮漿上繼續澆置混凝土，該部分會產生缺陷。

Q 為什麼要進行樁頭劣質混凝土打除，使鋼筋露出的樁頭處理？

▼

A 為了除去含有水泥浮漿的混凝土。

事先澆置的混凝土比預定高度高，多餘的部分稱為**裕度**（allowance）。
澆置混凝土十四天後，用**混凝土破碎機**（concrete breaker）打掉裕度，
只留下鋼筋。用發泡性聚苯乙烯包裹住鋼筋，避免混凝土附著。

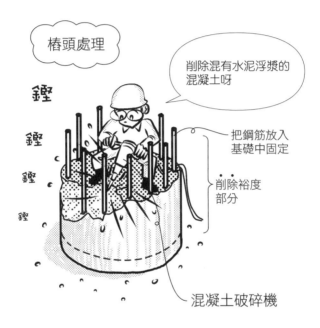

椿頭處理

削除混有水泥浮漿的
混凝土呀

鏗
鏗
鏗
鏗

把鋼筋放入
基礎中固定

削除裕度
部分

混凝土破碎機

- 在泥水或皂土穩定液中澆置的混凝土樁，比一般的混凝土澆置更容易在上層沉澱
  水泥浮漿。混有水泥浮漿的固化混凝土必須削掉。
- 除了利用發出鏗鏗鏗噪音的混凝土破碎機，另一種可行的方法是用混凝土固化時
  所產生的熱，透過化學性膨脹來破壞混凝土。
- 藉由樁頭處理，可使樁的頂端等於設計圖所示高度。去除混凝土後殘留的鋼筋，
  用來與基礎固定（堅固接合）。

Q 擴底椿是什麼？
▼
A 擴大底部使承載力變大的椿。

到達底部後用鋸齒往旁擴展的**擴底鑽頭**、**擴底挖掘機等**，將孔的底面變寬。製作擴底椿的工法，稱為擴底工法。

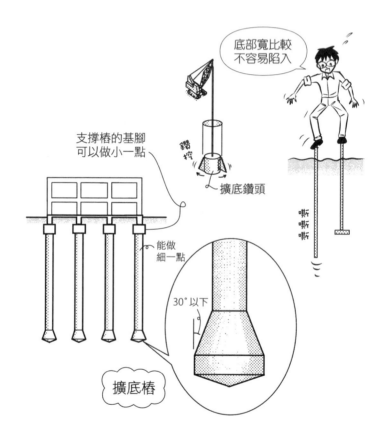

即使椿徑相同，僅底部變寬就能增加承載力。這樣不僅節省混凝土等的用量，上部支撐椿的基腳也能做小一點。不過太寬會破壞擴底部，所以傾斜部的角度以30度以下為限。

Q 如何處理澆置混凝土後殘留的孔？

A 用土回填。

椿是做在基礎下，或者地下樓層＋基礎之下，所以椿是埋在土中的狀態。因為在比地盤面更深的地底，打椿後會留下孔洞。如果不用土把孔填起來，會有人或重型機具掉入的危險。

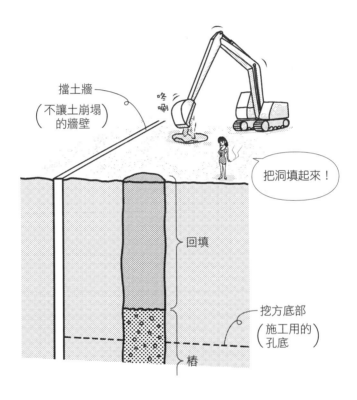

擋土牆
（不讓土崩塌）
的牆壁

咚喇

把洞填起來！

回填

挖方底部
（施工用的）
孔底

椿

● 下一項工程擋土、開挖，要把土挖掉。接著，在椿頭露出時做椿頭處理。如果先開挖再打椿，就不得不在孔的底部使用大型重型機具了。

Q 預鑄樁工法是什麼？

▼

A 將在工廠做好的預鑄樁（預製的樁）打入土中的工法。

 樁是用混凝土、鋼管、木頭等做成。把樁打入土中的方法，包括打擊在樁上打入土中、鑽孔埋入，或是旋轉樁壓入土中等。

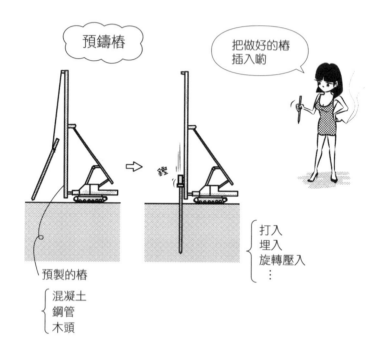

預鑄樁

把做好的樁插入喲

⇒ 鏗

預製的樁

混凝土
鋼管
木頭

打入
埋入
旋轉壓入
⋮

● 日文中，場鑄樁的「鑄」寫作「打つ」，是「澆鑄」混凝土之意。而埋入樁的「埋」的「打つ」，則是用大錘「敲打」埋入預鑄樁。「澆置」混凝土固化作業也是用同樣的日文動詞「打つ」，所以很容易弄混。

Q 離心力鋼筋混凝土樁是什麼？

▼

A 在工廠用離心力成形做出的中空鋼筋混凝土樁。

邊旋轉外模，邊用離心力使混凝土附著在內圍做成。

- 和鋼管一樣，從斷面來看，構造上以外側部分為主，外側由混凝土和鋼筋製成，內部為中空。鋼筋混凝土製的電線桿、下水道管等，作法相同。
- 鋼筋混凝土樁的縮寫為 RC 樁。非現場澆置製成，而是預先（pre）在工廠鑄好（cast），則稱為預鑄混凝土樁。
- 邊拉伸內部的鋼筋邊澆置混凝土的是高強度預力混凝土樁，縮寫為 PHC（pre-stressed high-strength concrete）樁。預力是指預先（pre）施加應力（stress）。

Q 打擊工法是什麼？

▼

A 用樁錘將預鑄鋼筋混凝土樁、預鑄鋼管樁打入的工法。

用樁錘打擊，將直徑50cm左右的樁打入地面的工法。和預先鑽孔的工法不同，優點是地盤不會鬆動。但是因為噪音和振動很大，市街區域不會用這種工法。

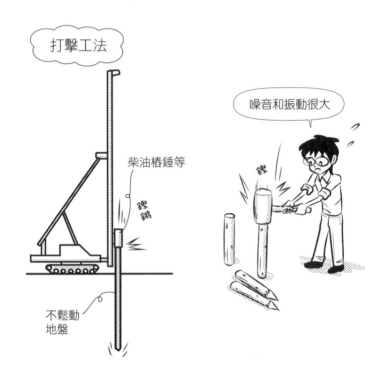

打擊工法

噪音和振動很大

柴油樁錘等

不鬆動
地盤

- 樁錘有柴油樁錘（diesel hammer）、振動錘（vibratory hammer）、落錘（drop hammer）、氣動錘（air hammer）、油壓錘（hydraulic hammer）等，最常用的是柴油樁錘。
- 筆者中學時（日本經濟高度成長期），校舍的打樁就是用打擊工法。置身強大的噪音中在體育館看電影的事，至今記憶猶新。當時就算是在市街或應該保持安靜的學校裡，也是用柴油樁錘。

Q 地鑽是什麼？

▼

A 旋轉螺桿鑽孔的機械。

 旋轉螺桿和先端掘土用的**螺旋鑽頭**（auger head），旋入土中。拔出地鑽
（earth auger）時，為了避免承載層鬆動或孔壁崩塌，以相同方向慢慢地
向上迴轉。如果逆向旋轉，挖掘的土會掉回孔裡。

earth auger
地鑽

用螺旋狀的鑽頭鑽孔喲！

旋
轉

螺
桿

螺旋鑽頭

● 螺旋鑽（auger）是指有螺旋狀刃的錐體。很多學生把地鑽跟鑽土機搞混，需多
留意。鑽土機是旋轉鎚鑽鑽孔來鑽孔的機械（參見R066）。

Q 預鑽孔工法是什麼？

▼

A 事先挖好孔再埋入預鑄樁的工法。

①為了穩定孔壁，用地鑽鑽孔的同時，從先端注入皂土穩定液等。②拔除地鑽時，從先端注入水泥和水做成的固定液。③埋入預鑄樁後，等待**固定液**變硬。

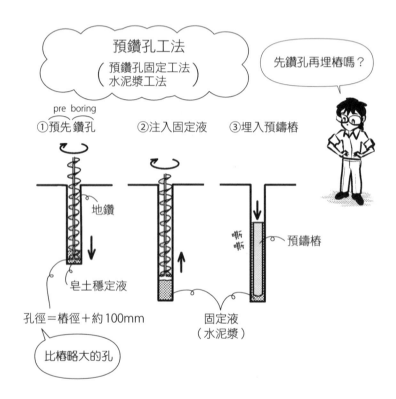

預鑽孔工法
（ 預鑽孔固定工法 ）
水泥漿工法

先鑽孔再埋樁嗎？

pre boring
①預先 鑽孔　　　②注入固定液　　　③埋入預鑄樁

地鑽

皂土穩定液

孔徑＝樁徑＋約100mm

比樁略大的孔

嘶
嘶　　預鑄樁

固定液
（水泥漿）

● pre是預先的意思，boring是鑽孔，所以pre-boring是預鑽孔。不是鏗鏗地打樁，而是事先鑽孔再把樁埋入孔中，因此不會有打擊工法的噪音和振動。孔徑大約是樁徑＋100mm。

● 固定液是水泥＋水做成，也稱為水泥漿。因為用來固定根部使其不動，所以日文稱之為「根固め液」。使用水泥漿的預鑽孔工法，又稱為預鑽孔固定工法或水泥漿工法。

Q 中掘工法是什麼？

▼

A 用地鑽插入預鑄樁的中空部，邊挖掘土層，邊埋入樁的工法。

將地鑽插入樁的中空部，挖掘樁的先端部位，再從中空部往外排出土。
為了牢牢固定樁，使用固定液（水泥漿）來打樁。

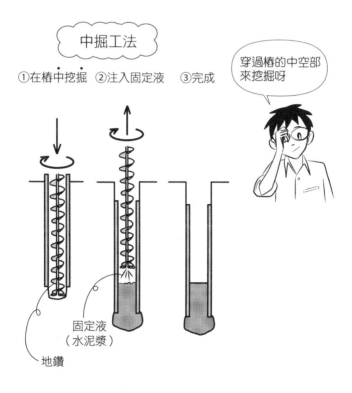

●在樁中挖掘，故名中掘工法。預鑄樁能夠保護孔壁，無需擔心挖掘時孔壁崩塌，
也不必用皂土穩定液。

Q 預鑽孔打擊工法是什麼？

▼

A 用地鑽掘削至承載地盤附近，再用樁錘打樁的工法。

■ 和挖掘深度等同於樁全長的預鑽孔工法不同，這種工法可以讓樁牢固穩定地埋入地盤。

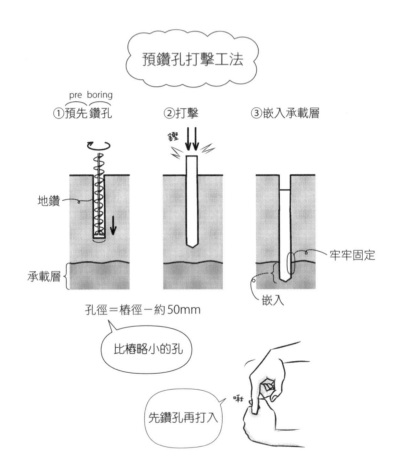

預鑽孔打擊工法

pre boring
①預先鑽孔　　　②打擊　　　③嵌入承載層

地鑽

承載層

鏗

孔徑＝樁徑－約50mm

比樁略小的孔

牢牢固定

嵌入

先鑽孔再打入

呀

● 孔大約是樁徑－50mm左右，比樁略小一點。就像要在硬木上打入木螺釘，會事先鑽好比木螺釘小一點的孔，再用螺絲起子旋入。

Q 預鑄樁的四種代表性工法是什麼？

A 如下圖，打擊工法、預鑽孔工法、中掘工法和預鑽孔打擊工法。

這裡整理一下預鑄樁的工法：打入、埋入、併用，分成三大類。

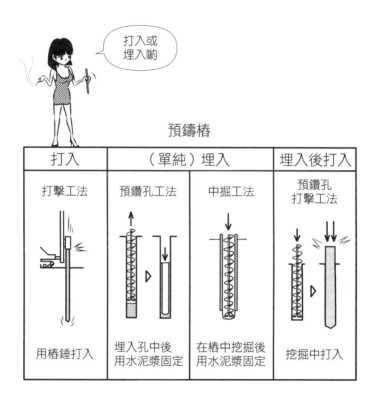

● 支撐力大小為打入樁＞埋入樁＞場鑄樁。

Q 接續樁是什麼？

▼

A 將預鑄樁接續延長所成的樁。

因為預鑄樁是用貨車運送，長度不能超過15m。如果要用到15m以上的樁，就必須做接續。預鑄樁的端部是厚鋼板做成的**續接鈑**。把續接鈑相互銲接起來就能接續。

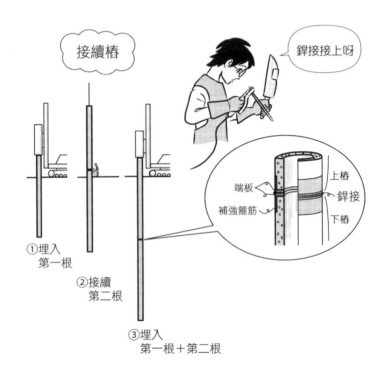

- 續接鈑又稱為開槽銲道（groove weld），有斜切的槽溝，讓熔融金屬流入銲接。銲接雖說是電弧銲，卻是利用電弧放出的熱來進行。續接鈑下方裝上補強箍筋，兩者都是用來保護混凝土端部。
- 也有使用金屬構件接續的無銲接接合。

Q 補助樁是什麼？

▼

A 為了打樁至預定深度所使用的假設樁。

樁打入基礎地盤面的下面，若有地下室，樁頭會落在更深處。為了使樁頭埋到預定深度，需要壓入用的棒子。這個棒子作為假設的樁，也就是補助樁。

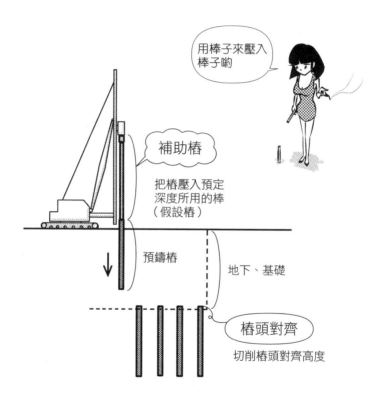

用棒子來壓入棒子喲

補助樁

把樁壓入預定深度所用的棒（假設樁）

預鑄樁

↓

地下、基礎

樁頭對齊

切削樁頭對齊高度

● 為了使樁頭高度對齊，需要切斷樁頭。用專用的切削機處理混凝土，並用瓦斯槍熔斷鋼筋。這種處理稱為樁頭對齊。樁頭對齊後，為了避免基礎的混凝土進入樁內，或是人掉落其中，在樁的中空部裝上蓋子。

Q 地盤改良工法分為哪三大類？

▼

A ①攪拌工法、②振動擠壓工法、③預壓排水工法。

地盤改良的目的是為了增加地盤的承載力，防止地盤下陷或土壤液化等。工法大致分為三大類：土中加入水泥等固化材並攪拌固化土壤的**攪拌工法**（下圖①）；用砂或砂礫擠壓固化的**振動擠壓工法**（下圖②）；用砂等做出水的通道並利用重力促使壓密的**預壓排水工法**（下圖③）。

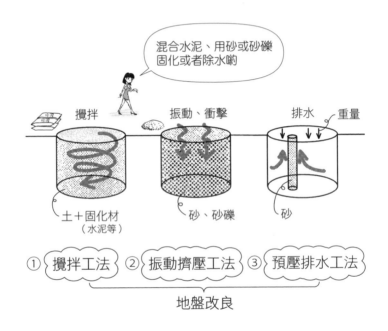

Q 柱狀改良是什麼？

▼

A 混合攪拌固化材、土和水，做柱狀硬地盤的地盤改良。

改良方式包括用附有翼片的棒子迴旋攪拌的**機械攪拌**，以及從頂端噴嘴噴射砂或水的同時迴旋攪拌的**噴射攪拌**等。地盤深層的改良稱為柱狀改良或**深層攪拌工法**。反之，攪拌淺層地盤整體的方法稱為**版狀改良**或**淺層攪拌工法**。

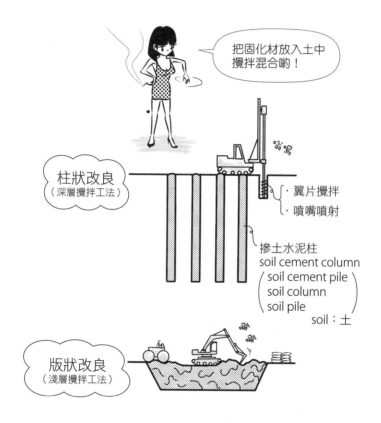

8

地盤改良

- 固化材使用水泥、石灰等。土和水泥混合而成的，稱為摻土水泥柱（土和水泥的圓柱），亦稱soil cement pile（土和水泥混合而成的樁）、soil column、soil pile等。
- 用水泥和水混合而成的水泥漿（slurry）與土混合。水泥漿是糊狀液體與固體粒子混合形成的粥狀物質。

Q 振實工法是什麼？

▼

A 用棒狀振動機把鬆軟的砂質地盤振實，做成砂樁的地盤改良。

使用稱為**振實器**（vibroflot）的棒狀振動機，邊噴水邊貫入砂質地盤，混入周圍的砂或碎石的同時施加振動，上提振動棒來振實，即為振實工法（vibro-flotation method）。

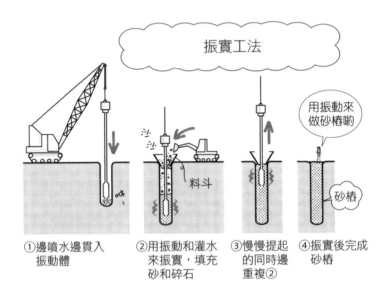

振實工法

用振動來做砂樁喲

料斗

砂樁

①邊噴水邊貫入振動體　②用振動和灌水來振實，填充砂和碎石　③慢慢提起的同時邊重複②　④振實後完成砂樁

● vibro 為「振動」一詞的字首，float 則是浮動之意。用振動和灌水來使砂粒移動，以減少砂粒間的空隙來壓實。黏土無法達到這樣的效果。這項工法也可有效避免砂質地盤液化。

Q 壓實砂樁工法是什麼？

▼

A 施加振動、打擊來讓砂密實，做成砂樁的地盤改良。

■ 將sand（砂）compact（壓實），做成pile（樁）的工法，稱為壓實砂樁工法（sand compaction pile method）。因為不是使用地盤中的砂，而是將砂倒入套管中壓實，所以砂質地盤、黏土質地盤皆可使用。

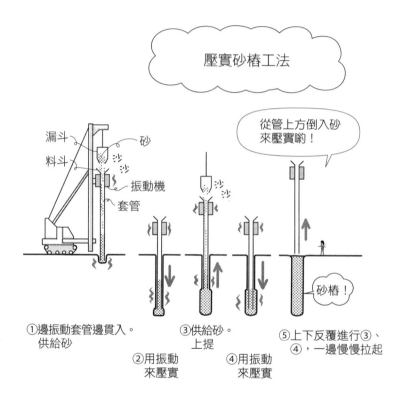

● 也有上下振動棒狀振動體來讓砂密實的工法，稱為load compaction method。這種工法是讓地盤中的砂密實，不像壓實砂樁工法一樣有供給砂，所以無法用於黏土質地盤。

● 也有利用重錘落下打擊的動力壓密工法（dynamic consolidation method）。

Q 砂滲工法是什麼？

▼

A 在地盤中做排水用的砂柱，促進地盤壓密的地盤改良。

drain是排水管、排水口之意。在軟弱的黏土質地盤鑽孔並填砂，做出大型排水管。黏土中的水會較快滲出，使地盤沉下固實。

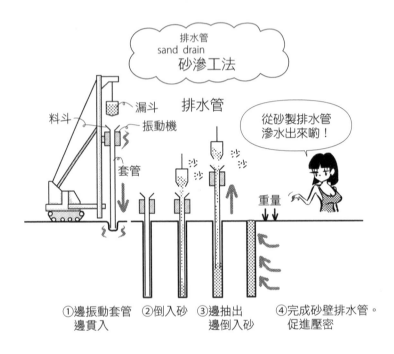

排水管
sand drain
砂滲工法

排水管

料斗
漏斗
振動機
套管

沙 沙

重量

從砂製排水管滲水出來唷！

①邊振動套管　②倒入砂　③邊抽出　④完成砂壁排水管。
邊貫入　　　　　　　　　邊倒入砂　　促進壓密

- 除了砂製排水管，也有紙製或塑膠製的排水管。讓砂密實並非用來做樁，而是為了做出排水的路徑，促進壓密。
- 壓密是指透水性低的黏土質土壤，經過長時間將間隙中的水排出，減少體積而固實。砂滲工法是短時間就能完成壓密的方法。

Q 地盤改良的代表性工法有哪些？

▼

A 有如下五種。

這裡整理一下地盤改良的工法吧，包括混合水泥等、施加振動或衝擊、脫水預壓排水等方法。

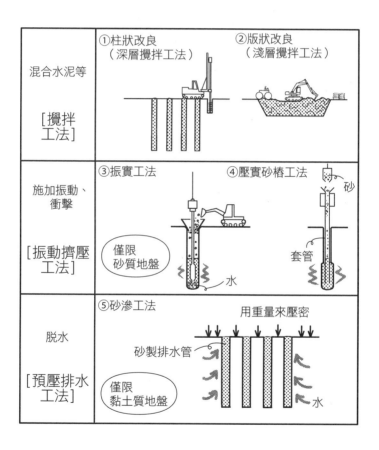

Q 開挖、擋土是什麼？

▼

A 開挖（excavation）是指挖掘建築物基礎與地下結構所需的施工空間而進行的作業，擋土則是防止開挖時周圍的土崩塌。

開挖的日文寫作「根切り」，源自於進行建物的基礎工程時，會挖掘切斷植物的根部，同時有開發住宅用地時挖去山腳（山根）的意思。另外，挖去山腳之後，固定山壁的作業，稱為擋土（山留め）。

- 如果是挖掘場鑄樁用的樁孔，不叫開挖，而稱為掘削。這裡的開挖是指在建物的底面部分，進行大範圍的挖掘作業。
- 進行深度 1.5m 以上的開挖工程時，一定要施作擋土工程。

Q 基樁工程和開挖＋擋土，何者優先？

▼

A 一般先進行基樁工程。

基樁工程要用到大型重型機具。挖了很大的洞之後，很難在上面使用大型的重型機具。因此，先打完樁，回填殘留的孔洞使地面平整後，再進行擋土和開挖。

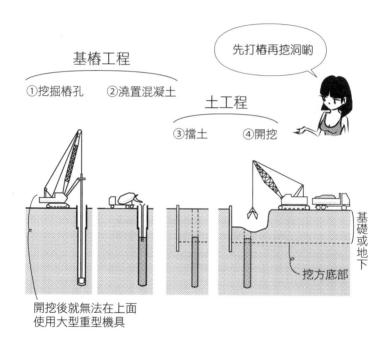

●基地很廣的情況下，有時先進行一部分開挖，在附近使用打樁的重型機具。
●一般而言，開挖和擋土工程屬於土工程，基樁工程歸類於基礎工程，所以施工教科書裡，基樁工程寫於土工程之後。但實際上如上所述，基樁工程是在開挖之前進行。

Q 主動土壓力、靜止土壓力、被動土壓力是什麼？

▼

A 主動土壓力（active earth pressure）是擋土牆和土分開而變形時的側向土壓力，靜止土壓力（earth pressure at rest）是土在沒有變形時的側向土壓力，被動土壓力（passive earth pressure）是要把土壓回而變形時的側向土壓力。

站在土旁邊來思考主動和被動。土要往牆的方向移動所產生的壓力是主動土壓力，土被牆施壓移動的壓力則是被動土壓力。

主動土壓力
土移動擋土牆時

靜止土壓力

被動土壓力
土被擋土牆移動時

● 開挖之前的擋土牆是兩側都有土的，因為擋土牆是靜止狀態，所以為靜止土壓力。開挖時，擋土牆一邊的土逐漸減少，牆往沒有土的一邊移動，此時的壓力為主動土壓力。

Q 主動土壓力、靜止土壓力、被動土壓力的大小順序為何？

▼

A 被動土壓力＞靜止土壓力＞主動土壓力。

當擋土牆被土擠壓時，要將牆壓回的被動土壓力最大。從擋土牆的角度來看，就像擋土牆往土的方向前進時，遭受土的反擊，所以力道最強。主動土壓力則是在往後倒的同時，受到土的重擊，所以力道較弱。

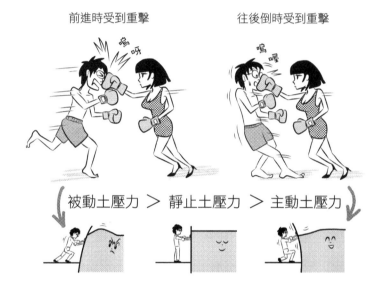

● 側向土壓力與擋土牆的推力相互平衡，施力的大小相等但方向相反。被動土壓力和主動土壓力是移動瞬間的臨界值，超過此值土的形態就會崩塌，使牆壁真正移動。土不像水一樣為均質的流體，也不像建物本體是非常硬固的物體，其形態隨著砂或黏土的混合比例而變，考量施力非常困難。所以單就斜面分析維持形狀不變的臨界角度作為滑移面，考量上面承載土壤而滑動時的水平方向力等。

Q 主樁橫板條工法是什麼？

　　▼

A 如下圖，用H型鋼等作主樁打入，板條橫向嵌入用以擋土。

🔲 以 1m 左右的間隔打入樁，板卡入樁之間作為擋土牆。樁是 300mm
　 ×300mm 左右的 H 型鋼，板則用約 30mm 厚的板材。

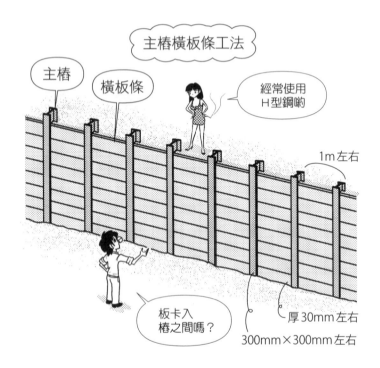

● 板就像箭矢一樣插入土中，用來擋土，所以板條的日文稱為「矢板」。另外也有
　縱向置入的縱板條，但壁背填土會變得難以進行。

Q 主樁橫板條的組立順序為何？

▼

A 打入主樁，挖土之後插入橫板條，填土於擋土樁後側。

①作業的第一步是將H型鋼打入土中。打樁的方法包括用振動錘等打入、用油壓壓入、用地鑽鑽孔後插入等。②挖掘（開挖）之後露出主樁。稍微挖去主樁後側的土。③把板條卡入樁內固定，填土至板條後側確實固定，也就是**壁背填土**（back-filling）。

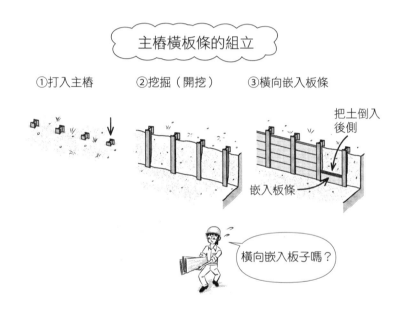

主樁橫板條的組立

①打入主樁　　②挖掘（開挖）　　③橫向嵌入板條

把土倒入後側

嵌入板條

橫向嵌入板子嗎？

●如果開挖深度很深，先挖 1m 左右置入板條，再接著挖 1m 左右置入板條，反覆進行。如果一次就挖很深，不容易放入板條，土也容易崩塌。

Q 如何讓橫板條不會脫離主樁？

▼

A 確實進行壁背填土，在主樁與板條之間插入楔子，楔子旁邊縱向打入**棧木**等。

橫板條只是卡在H型鋼的翼板上，只要橫向移動就會脫落。因此在板條後側填土並插入楔子，使土與板條密合。接著，緊貼楔子縱向用釘子固定住10mm×25mm左右的棒（棧木），這樣楔子就不易脫落，板條也不容易偏離。

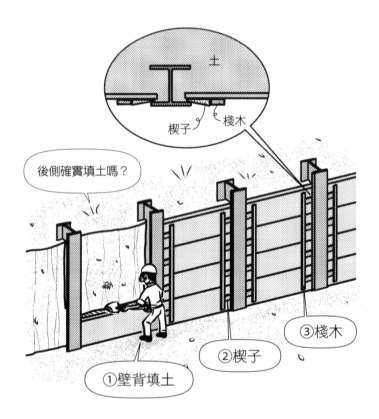

- 楔子是尖端細薄，用來插入間隙的小型木材。棧是讓板或瓦片等不會偏離或脫落，用以固定的長型木材。

Q 在擋土牆的凹角、外角部分要如何處理主樁？

▼

A 如下圖，銲接L型斷面的角鋼（山型鋼），或橫向偏移45度卡住橫板條。

為了固定住卡在H型鋼翼板上的橫板條，必須留意處理凹角、外角部分。在橫板條未接觸到的翼板一側，銲接角鋼以卡入橫板條。

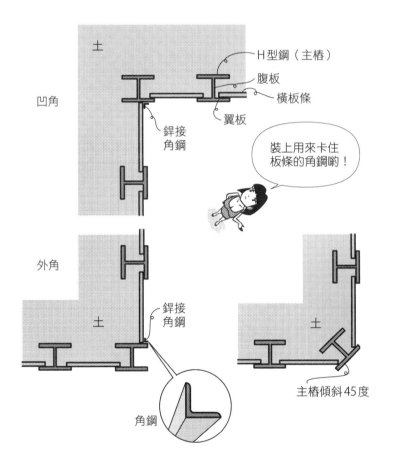

土

H型鋼（主樁）

腹板

凹角

橫板條

翼板

銲接
角鋼

裝上用來卡住
板條的角鋼喲！

外角

銲接
角鋼

土

土

主樁傾斜45度

角鋼

Q 鋼鈑樁工法是什麼？

▼

A 打入U型的鋼板（鈑樁）或鋼管等板條來做擋土牆的工法。

◼ **鈑樁**（sheet pile）是彎曲折成的薄板（sheet）所做成的樁（pile），藉由搭接將鈑樁接續做成擋土牆。和主樁橫板條工法不同的一大優點是，鋼鈑樁工法防水性佳。

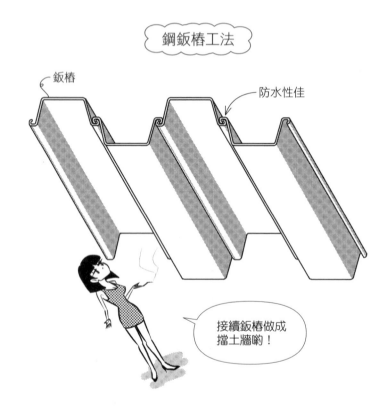

鋼鈑樁工法

鈑樁

防水性佳

接續鈑樁做成
擋土牆喲！

- 打入鈑樁的方法包括用柴油樁錘打擊打入、用振動錘振動打入，以及低噪音的油壓壓入等。
- 筆者小學時，附近很深的河川的堤防工程，從河底到地盤面也是使用鈑樁。即便過了四十年，現在堤防仍是生鏽的鈑樁，出乎意料地耐用，讓人佩服。

Q 土壤強化擋土牆工法是什麼？
▼
A 把土壤水泥（soil cement）柱並排，以做成擋土牆的工法。

soil是土。土與水泥、水混合，就是土壤水泥。用地鑽挖孔，從地鑽的頂端注入水泥、皂土穩定液等來形成圓柱。圓柱並排便形成擋土牆。只用土壤水泥的結構會不穩定，所以在適當的間隔處置入H型鋼。

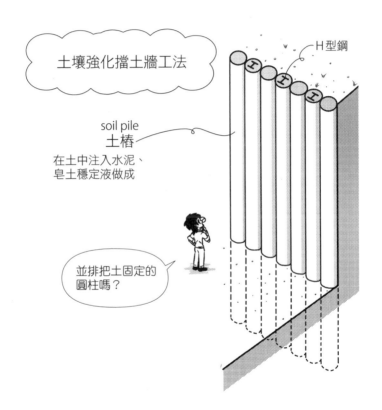

土壤強化擋土牆工法

H型鋼

soil pile
土樁
在土中注入水泥、
皂土穩定液做成

並排把土固定的
圓柱嗎？

- 砂漿是水泥＋砂，混凝土是水泥＋砂＋礫石，土壤水泥則是土與水泥混合。因為使用當地的土混合水泥硬化做成，不像混凝土能形成堅固的結構體。也有用鋼筋混凝土做成堅固擋土牆的工法。
- 有專門機械可同時挖三或五個孔，並注入土壤水泥。土壤水泥做成的圓柱又稱為土樁。土壤強化擋土牆工法的防水性佳。

Q 具代表性的擋土工法是哪三種？

▼

A 主樁橫板條工法、鋼鈑樁工法和土壤強化擋土牆工法。

這裡來複習一下三種擋土工法吧。若施作主樁橫板條工法，水會從板條間的縫隙滲出，無法期待防水性。鈑樁和土樁都是與相鄰的樁密合，能夠封住水，但由於水沒有排出路徑，導致所受水壓增加。

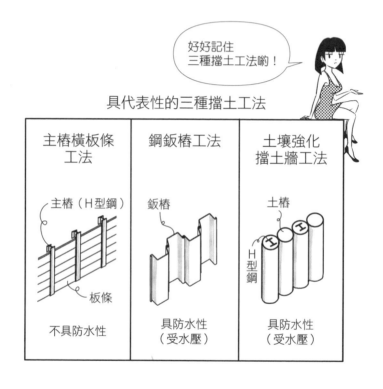

● 鈑樁是用鋼板彎曲做成，缺點是遇側向土壓力或水壓容易扭曲。

Q 反鏟挖土機、挖土機是什麼？

▼

A 如下圖，挖掘用的機械。

反鏟挖土機是後退，挖土機則是向前用先端部位挖掘。因此，反鏟挖土機挖低於地盤面的土，挖土機便於挖高於地盤面的土。

● ユンボ（yumbo）曾是法國重型機具製造商的產品名，現在日文中泛指反鏟挖土機、挖土機等機械，也是日本建設機械公司レンタルのニッケン（Nikken Corporation）的登記商標。

Q 蛤殼式抓斗機、拖斗挖泥機是什麼？

▼

A 如下圖，用來挖掘的機械。

■ 像蛤蜊（clam）殼（shell）形狀，用來抓土的是蛤殼式抓斗機（clamshell bucket）。拉引（drag）鏟斗來鏟土（scrape）的是拖斗挖泥機（dragline）。前者用來進行深部的挖掘，後者用以挖水中或較軟的砂土。

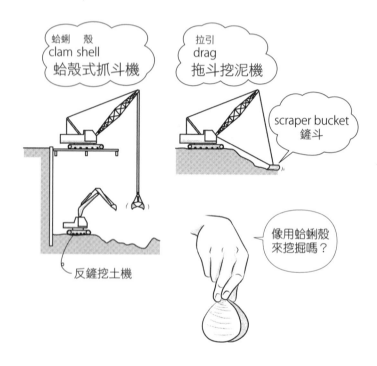

● 小型的反鏟挖土機在底部進行挖掘，蛤殼式抓斗機則是從地盤面開始挖掘，兩者區別使用。

Q 圍令、水平支撐是什麼？

▼

A 如下圖，不讓擋土牆崩壞用的支撐材。

假設結構物是用以「支」撐來「保」持原狀的「工」程，所以日文稱為
支保工。擋土牆越深，所受的土壓力、水壓越大，越容易毀壞。因此，
在擋土牆上裝上稱為圍令的水平材，並與另一側的擋土牆之間交錯架起
水平支撐。

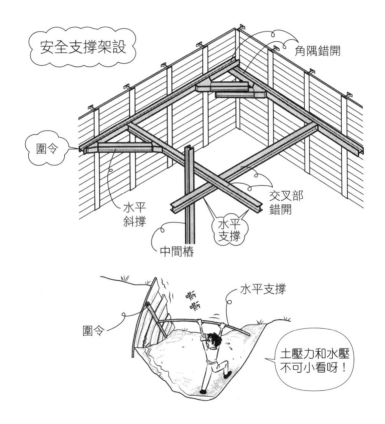

安全支撐架設

角隅錯開

圍令

水平斜撐

中間樁

水平支撐

交叉部錯開

水平支撐

圍令

土壓力和水壓不可小看呀！

- 圍令（亦名橫檔）的日文名稱「腹起し」，據說是來自將擋土牆的中間處，也就是「腹」部立「起」的意思。
- 若持續開挖，土中的擋土牆會漸漸露出。用H型鋼等橫向架在擋土牆上，即為圍令，接著架起水平支撐防止擋土牆崩塌。更進一步開挖時，架起下一個圍令和水平支撐，如此依序進行。
- 以水平格子狀架設的支撐工法，稱為水平支撐工法。

Q 第一次開挖、第二次開挖的深度為何？

▼

A 第一層水平支撐的稍下方處、第二層水平支撐的稍下方處。

為了保留能夠接裝水平支撐的餘裕，所以開挖至各水平支撐下邊。開挖後裝上水平支撐，反覆開挖裝水平支撐，持續下挖。最後在建物本體的基礎梁稍微上方處裝上水平支撐，進一步在地下挖到基礎梁和耐壓板下方，直至挖方底部。這項作業稱為**整平**（leveling）。

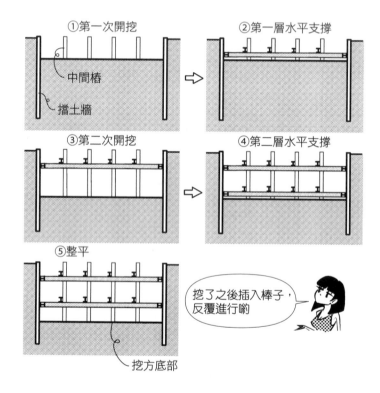

- 水平支撐的高度與建物本體的梁和樓板錯開，比各層的樓板稍微高一點。
- 整平是指剩餘30cm左右的土時，最後用人工或裝上無鋸齒抓斗的反鏟挖土機挖掘，以完成整齊的整平面。

Q 擋土牆與圍令之間的空隙如何處理？

▼

A 如下圖，壁背填入砂漿或預製品。

如果擋土牆無法順利把力導向圍令和水平支撐，擋土牆就會崩塌。施作主樁橫板條工法是在主樁與圍令之間填入砂漿等，鋼鈑樁工法是在全部的凹凸部與圍令之間填入砂漿等，土壤強化擋土牆工法則是填入H型鋼與圍令之間的間隙。

> 用砂漿等壁背填土

> 要好好導出土壓力喲

圍令
壁背填土
主樁
水平支撐
銲接上角鋼作為托架

● 主樁、鋼鈑樁、水泥樁內的H型鋼都銲接上角鋼（山型鋼）作為托架，讓圍令架在上面。用螺栓把水平支撐固定在圍令上。中間樁（參見R109）也裝上托架來支撐水平支撐。圍令、水平支撐、水平斜撐等安全支撐架設支撐材，一般都可租借，組合調整出所需長度。

Q 如何微調整水平支撐的長度？

▼

A 在水平支撐間置入千斤頂，慢慢伸長。

用油壓伸長的是**油壓千斤頂**。由於靠近千斤頂部分的水平支撐會變細，很容易彎曲發生危險，所以需要裝上**千斤頂覆蓋板**來補強。

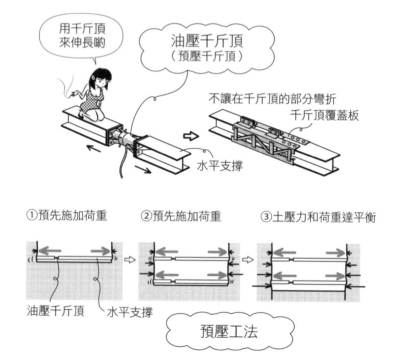

● 千斤頂（jack）是用來撐起重物或增加寬度的機械，換汽車輪胎時也會用小型千斤頂。用千斤頂將擋土牆往後壓的工法，稱為預壓工法（preloading method）。因為在開挖初期階段，土壓力對擋土牆施壓之前，預先（pre）施加荷重（load）而得名。用於預壓的油壓千斤頂，又稱為預壓千斤頂。

Q 水平支撐交接部與中間樁如何收納？

▼

A 如下圖，短邊的水平支撐架在中間樁的托架上，水平支撐之間用交錯金屬構件的螺栓固定。

◆ 先將較易支撐重量的短邊水平支撐架在托架上，水平支撐間用角鋼和螺栓形成的交錯金屬構件緊固。接著將裝在中間樁上的固定托架，從上壓住水平支撐。

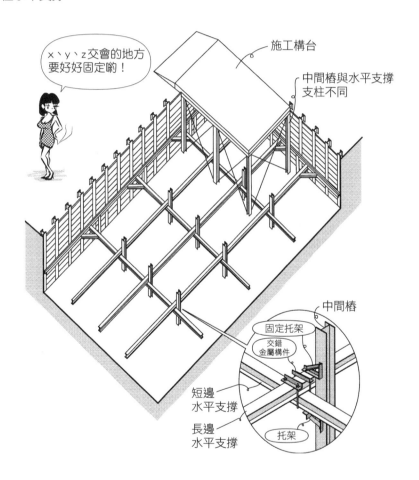

x、y、z交會的地方要好好固定喲！

施工構台

中間樁與水平支撐支柱不同

中間樁

固定托架

交錯金屬構件

短邊水平支撐

長邊水平支撐

托架

Q 施工構台的高度多高？

▼

A 一般設定為比建物一樓的地面樓板稍高一點。

施工構台是用於一樓地板的工程，所以架設在其稍微上方處。一樓地板大多比道路再高一點，而構台也比地板高一點，所以能夠做出與道路的高低差。在基地沒有多餘空間的情況下，從道路到構台的斜坡坡度很大，要注意避免讓傾卸車的後部頂到斜坡。

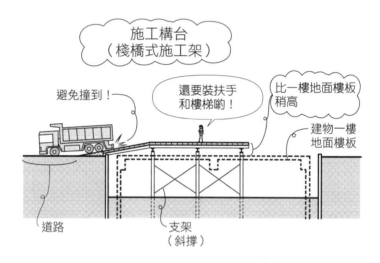

施工構台
（棧橋式施工架）

避免撞到！

還要裝扶手
和樓梯喲！

比一樓地面樓板
稍高

建物一樓
地面樓板

道路

支架
（斜撐）

● 施工構台又稱為棧橋式施工架，其支柱是用Ｈ型鋼埋入地面，所以會隨著開挖而露出地面。支柱上架設支架（斜撐），防止倒塌。

Q 島式工法是什麼？

▼

A 從擋土牆斜面開挖到中間，施作中央部的基礎和地下部分，接著在此區與擋土牆之間架設支撐後挖掉周圍土壤，再將基礎和地下往周圍延伸的工法。

 以先施作的中央部為立足點，挖掉周圍土壤。中央部的構築物像島一樣，因而得名。從中央的島往周圍擴大施作基礎和地下整體。

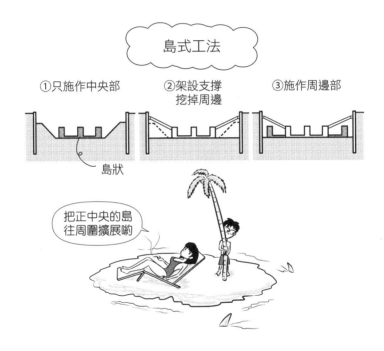

島式工法

①只施作中央部　②架設支撐挖掉周邊　③施作周邊部

島狀

把正中央的島往周圍擴展喲

●適用於廣闊基地大規模但較淺的開挖。因為使用的支撐也較少，在軟弱地盤或深度開挖時，無法進行最初的斜面開挖而不適用。

Q 壕溝式開挖工法是什麼？

▼

A 將外圍挖成壕溝狀並施作結構物，接著以建好的外圍部作為擋土牆來挖掘中央部的方法。

trench是深的溝、渠。先將周圍部分挖成溝狀，再施作中央的工法，即為壕溝式開挖工法（trench cut method）。因為結構物撐住周圍的土，所以適用於軟弱地盤的廣域開挖。

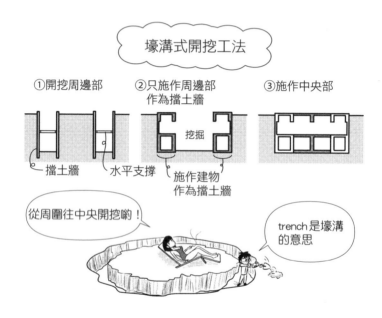

壕溝式開挖工法

①開挖周邊部　②只施作周邊部　③施作中央部
　　　　　　　　作為擋土牆

挖掘

擋土牆　　水平支撐　施作建物
　　　　　　　　　　作為擋土牆

從周圍往中央開挖喲！

trench是壕溝的意思

- 島式工法是從中央部往周邊進行，壕溝式開挖工法反之，從周邊部往中央進行。兩種工法都適用於廣域開挖。
- trench coat（軍裝外套）的trench是指士兵用來藏匿的壕溝。

Q 逆打工法是什麼？

▼

A 利用地下結構物作為支撐來進行開挖，倒轉順序從地下一樓、地下二樓澆置混凝土以進行工程的工法。

■ 不是開挖後施作結構物，而是邊施作邊挖。建好的結構物可以作為擋土牆的支撐。逆打工法（top-down method）又稱為**逆築工法**。

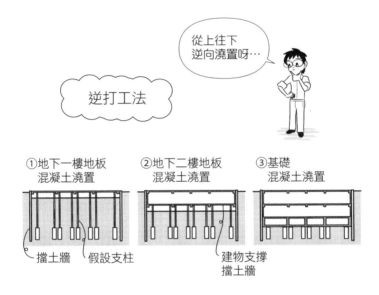

從上往下
逆向澆置呀⋯

逆打工法

①地下一樓地板　　②地下二樓地板　　③基礎
　混凝土澆置　　　　混凝土澆置　　　　混凝土澆置

擋土牆　　假設支柱　　　建物支撐
　　　　　　　　　　　　擋土牆

● 為了支撐先做好的結構體，需要假設支柱。此外，若建物本體的柱子是鋼骨鋼筋混凝土，有時會先施作鋼骨部分，以此作為支柱。
● 結構體本身會成為支撐，比一般水平支撐更加堅固，即使較深開挖或在軟弱地盤的安全性也很高，擋土牆的變形也較小。再者，不僅能節省水平支撐，還能縮短工期。因為工程是往下進行，問題在於混凝土的連續澆置等施工程序困難。

Q 地錨工法是什麼？

▼

A 藉由將抗張材固定在地盤上來支撐擋土牆的支撐工法。

將抗張材確實固定在土中（錨定），接著拉至擋土牆來支撐的工法，即為地錨工法（earth anchor method）。挖孔、灌入漿液後插入抗張材，最後從先端注入水泥來固定。

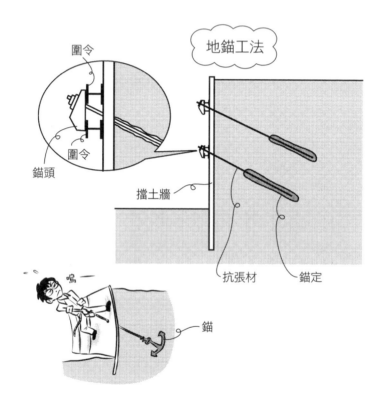

圍令

圍令

錨頭

擋土牆

地錨工法

抗張材　　　錨定

嗚

錨

- anchor是指船錨，表示牢牢固定使物不動。
- 雖然不用水平支撐會讓工程比較好進行，但是為了錨定，需要鄰地的空間。相較於PC鋼，更常用鋼絞線或PC 棒鋼等作為抗張材。PC鋼是為了拉引預力混凝土所使用的鋼材。
- 地錨使用後可以回收或置留。

Q 具代表性的五種安全支撐架設是哪些？

A ①水平架起支撐的水平支撐工法、②使用建物的島式工法、③壕溝式開挖工法、④逆打工法、⑤土中錨定的地錨工法。

這裡來複習一下安全支撐架設吧。大致分為使用水平支撐、使用建物和使用錨三種。使用建物的是從中央進行到周邊的島式工法、從周邊進行到中央的壕溝式開挖工法，以及從上往下進行的逆打工法三種。

代表性的安全支撐架設

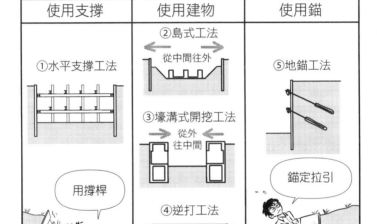

●基地廣大且地盤良好時，也有不用支撐材而直接施作斜面挖土的斜面式明挖工法／斜坡明塹工法。施作斜面挖土亦稱明挖，所以又稱斜坡明挖工法。

Q 隆起是什麼？

▼

A 擋土牆背面的土從底部回擠凸起的現象。

由於土壤重量擠壓，從擋土牆底部回擠的現象，稱為隆起（heaving）。為了避免隆起，必須將擋土牆打得更深，或是改良並強化背面地盤等。

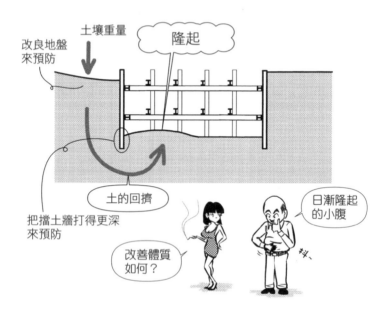

● heave 是起伏、鼓起的意思。

Q 地盤上舉是什麼？

▼

A 由於向上水壓，造成挖方底部全部往上舉起的現象。

相較於隆起是因為擋土牆背面的土壤重量造成回擠，地盤上舉（basal heave）則是因為地下水的水壓往上頂起地盤所形成的現象。因為開挖而減少的土砂重量，對抗往上力的平衡被破壞，造成地盤上舉。

Q 泉湧（砂湧）是什麼？

▼

A 地下水繞過擋土牆，從開挖面湧出水和砂的現象。

■ 如果在地下水位較淺的砂質、砂礫地盤進行挖掘工程，底部會到處湧出地下水。細砂和水一起，形成同心圓狀迴轉湧出，宛如水在沸騰一樣，所以稱為泉湧（boiling）。

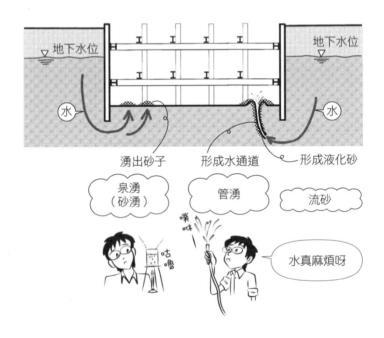

●因為是砂噴出的現象，所以也稱為砂湧。砂受到上升水流影響，變成類似液體，部分液化的現象，稱為流砂（quicksand）。形成管狀的水通道噴出水的現象，稱為管湧（piping）或溝流（channeling）。channel是指水的通道。

Q 集水坑是什麼？

▼

A 用來收集湧水的凹槽。

湧水、雨水等會積在穴底。在挖方底部施作集水坑（sump pit）來存水，再用水中幫浦等把水抽出去，稱為**集水坑排水工法**（shallow sump drainage）。

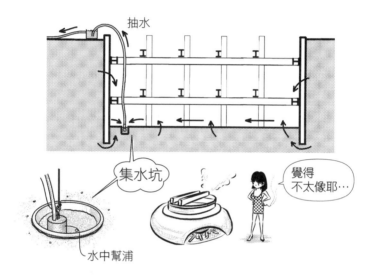

抽水

集水坑

水中幫浦

覺得
不太像耶…

- 因為凹槽形狀像煮飯的釜，所以集水坑的日文寫作「釜場」，又稱為湧水槽或集水槽。pit是坑洞、凹處之意。
- 建物本體的基礎樓板、地下層樓板也會為了排水而施作集水坑。雖說是混凝土內部，但地下經常滲水。

Q 深井排水工法是什麼？

▼

A 施作深的抽水井抽出地下水，以降低水壓的工法。

如字面所示，施作深（deep）井（well）抽出地下水，所以稱為深井排水工法（deep well method）。插入井中的套管有很多孔洞，管的周圍附有一層過濾砂和礫石的濾網。這種多孔的套管稱為**多孔管**（strainer）。

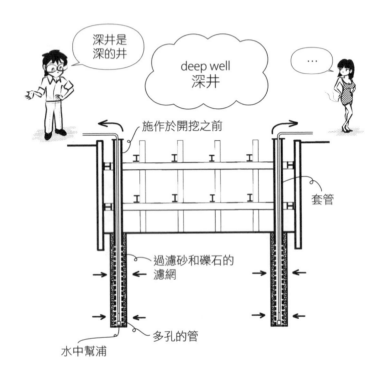

深井是
深的井

deep well
深井

…

施作於開挖之前

套管

過濾砂和礫石的
濾網

多孔的管

水中幫浦

- strainer是指用附有薄膜的多孔隙板或網子，除去異物或垃圾的器具。設備配管中，用來除去水中雜質的器具也稱為strainer。
- 如果地下水的水壓或水位下降，不只能排除挖方底部的水，還能防止地盤上舉（參見R121）、泉湧（參見R122）和管湧（參見R122）等。

Q 復水工法是什麼？
▼
A 把深井排水工法抽出的地下水，再度注入地盤中的工法。

■ 將汲出的井水再次（re）注入（charge），所以稱為**復水工法**（recharge water method）。因為抽出地下水，出現水位下降、承載力變弱、地盤沉陷，或是周圍的井乾涸等問題時，要將汲出的水再度注入地盤。如果灌入同樣位置，只會讓挖方底部積水，所以在遠離挖方底部的地方，注入等深度的含水層（aquifer）。

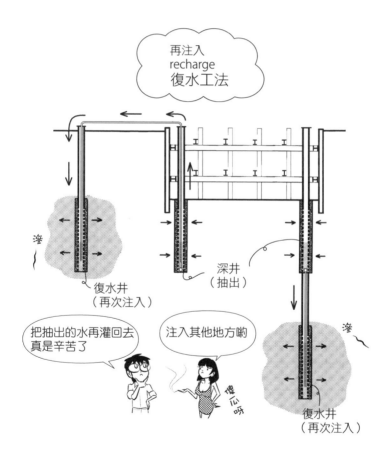

● 另外也開發出把抽出的水注入同一根抽水管更深處的工法。含水層是地下水飽和的透水層。

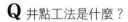

Q 井點工法是什麼？

▼

A 在間隔一定距離並排的井中，裝設先端能噴水和抽引、稱為井點（well-point）的裝置，以抽出地下水的工法。

一邊從井點將水噴出，一邊用人力把管子縱向插入地盤。這些打入的管子與稱為**集水管**（header pipe）的橫管連接。橫管上連接著多根縱管，端部接上幫浦，把地盤的水吸上來。

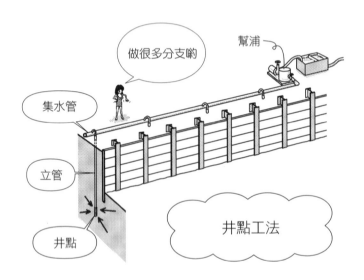

- 裝有井點的縱管有立起（riser）的管（pipe）之意，稱為立管（riser pipe）。集結細縱管的橫管為集水管。header有到先頭（head）的意思，這裡是指集結所有管子用的管。
- 因為是用人力置入，僅限於淺地盤的抽引。

Q 托換基礎是什麼？

▼

A 從既有建物下方做支撐。

當既有建物的重量有使土向下移動而造成隆起或既有建物有沉陷的危險時，需要在既有建物的基礎下方施作支撐。方法包括從主樁往外延伸托架，打入新的樁等。

● underpin 為自下方支撐之意，托換基礎亦稱托底。

Q 如何進行回填？

▼

A 砂質土是每隔約30cm做水送填土（hydraulic fill），黏質土是每隔約30cm輾壓。

不管是砂質土或黏質土，若是一次大量回填，很難硬化，所以需要以約30cm為單位回填。若在砂中加水，粒子間的結合變弱，就會因本身的重量下沉而讓粒子填滿硬化。黏質土則是因為加水沒有效果，所以用樁錘等機械輾壓。

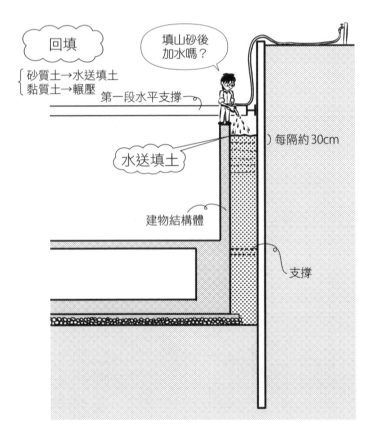

回填

砂質土→水送填土
黏質土→輾壓

填山砂後加水嗎？

第一段水平支撐

水送填土

）每隔約30cm

建物結構體

支撐

●山砂最適合卻價格昂貴，所以用於建物周圍開挖很深而很難用機械讓土堅硬密實的回填等情況。其他地方是用開挖出的土中的良質土鋪在上面，以機械輾壓。

Q 如果保留第一段水平支撐，該如何澆置混凝土至一樓樓板底下？

▼

A 在水平支撐貫穿的混凝土牆上打洞來澆置。

前文提到混凝土澆置到第一段水平支撐稍下方處就暫停。等到混凝土結構體完成，在與擋土牆之間置入支撐材後，再將第一段水平支撐拆掉。由於暫停混凝土澆置很麻煩，如果要一口氣澆置混凝土到一樓地板，水平支撐會造成妨礙。因此，在牆上打洞，之後再補上。這稱為**預留箱型凹位**（box out）。

●打出（out）箱型（box）凹位，故稱預留箱型凹位。

Q 整地是什麼？

▼

A 鋪上小石子、碎石、混凝土等來固定基礎下面的地盤。

🔲 為了確實完成基礎工程，並讓重量順利傳遞到基面，開挖完之後，在挖方底部的地盤上用小石子、砂礫、碎石等鋪實，再澆置混凝土。

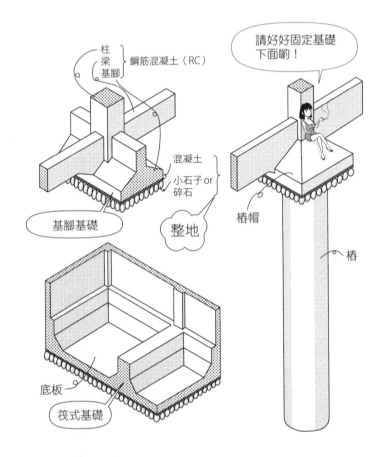

請好好固定基礎下面喲！

柱
梁
基腳
鋼筋混凝土（RC）

混凝土
小石子or碎石

基腳基礎

整地

椿帽

椿

底板

筏式基礎

- 將重量傳遞到基面的基礎形式，包括使用底板支撐基礎底面整體的筏式基礎、只拓寬柱或梁底部的基腳基礎、在基腳下打椿至具承載力的地盤以傳導重量的椿基礎等。
- 整地是基礎工程的一環，更進一步分類，有地表基礎工程、砂基礎工程、砂礫基礎工程、椿基礎工程等。土工程、基礎工程和基椿工程的界線很模糊。

Q 粗石是什麼？

▼

A 鋪在基礎或土間混凝土下面的石頭（毛石、碎塊石）。

將圓石打碎後形成的粗石，尖端部朝下並排，稱為**尖端站立**（小截面站立）。上方的重量下壓讓土緊實後，就不會再往下沉。

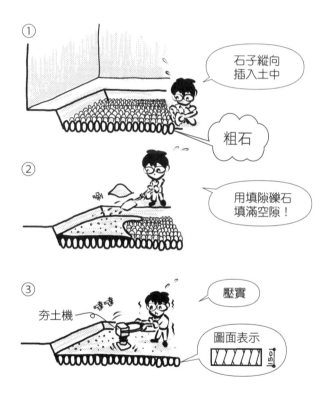

① 石子縱向插入土中

粗石

② 用填隙礫石填滿空隙！

咻

③ 壓實

夯土機

嗶嗶

圖面表示

150

- 現在一般多鋪40～80mm大小的碎石。碎石是人工將岩石打碎的石頭，有時也稱粗石。粗石又稱為碎塊石、礫屑或毛石等。
- 鋪了粗石後，再鋪上填隙礫石，用稱為夯土機的機械壓實。填滿石子間隙的是填隙礫石。

Q 為什麼要在粗石上澆置打底混凝土？

▼

A 為了做出水平的面，順利進行墨線標記和結構體工程。

 準備施作結構體工程之前，在粗石上澆置厚度5cm左右的混凝土。**墨線標記**是在柱、牆壁和梁上用墨線標出正確的位置等。在凹凸不平的石頭或砂礫上，無法正確進行墨線標記。

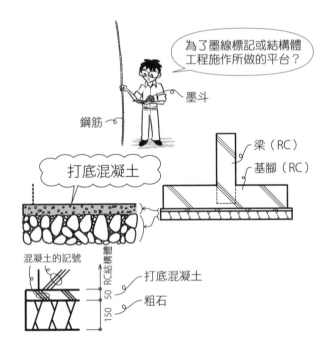

為了墨線標記或結構體工程施作所做的平台？

墨斗

鋼筋

打底混凝土

梁（RC）

基腳（RC）

混凝土的記號

RC結構體

打底混凝土

粗石

50

150

- 打底混凝土（blinding concrete）是用來調整水平的混凝土，又稱整平混凝土（levelling concrete）。結構體是指鋼筋混凝土造的建築構造。
- 打底混凝土裡不放鋼筋，但是結構體部位用鋼筋。組架鋼筋時，相較於凹凸不平的粗石，在平面的打底混凝土上配筋，因為在水平的面上進行，更能確實施作工程。模板工程也是在打底混凝土上進行比較穩定。
- 澆置結構體的混凝土時，如果直接在土或石子上澆置，會因為吸收水分或混到土而無法達到預定強度。在粗石→填隙礫石→打底混凝土的作業完成後澆置，結構體混凝土就能達到預定強度。

Q 土間混凝土是什麼？

▼

A 與梁分開，直接鋪在土的上面的混凝土版。

如字面所示，土間混凝土是為了施作土間而澆置的混凝土〔譯註：「土間」 為日本傳統建築用語，指主要出入口的過渡空間，因通常未鋪設任何鋪面，表面仍 為一般土壤而得名〕。因為跟結構體無關，所以直接在土上做成。但為了 避免龜裂，還是鋪上細鋼筋網後再澆置。

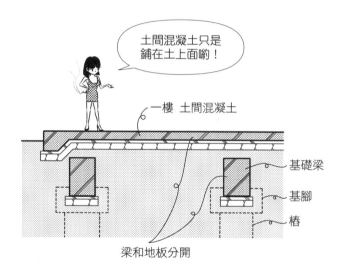

土間混凝土只是 鋪在土上面喲！

一樓 土間混凝土

基礎梁

基腳

樁

梁和地板分開

一樓 地面樓板

樓板和梁相連

● 即使澆置土間混凝土，也會鋪粗石再澆置打底混凝土。有時省略打底混凝土，直 接澆置在粗石上。

Q 如何增加地板下的防潮性？

▼

A 粗石上先鋪防潮布（防潮膜）再澆置打底混凝土，或做雙層樓板等。

■ 鋪上厚度0.1mm左右的聚乙烯等材質做成的膜，就能提高防潮性。若要提高隔熱性，可在打底混凝土上鋪設厚度30mm左右的發泡性聚苯乙烯（保麗龍），再澆置頂板。

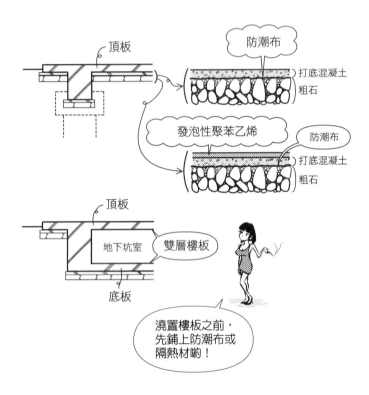

頂板　防潮布　打底混凝土　粗石

發泡性聚苯乙烯　防潮布　打底混凝土　粗石

頂板　地下坑室　雙層樓板　底板

澆置樓板之前，先鋪上防潮布或隔熱材喲！

● 在底板上施作頂板做成雙層樓板，可進一步提高防潮性。雙層樓板之間的空間稱為地下坑室，用來進行設備配管等。

Q 為什麼椿頭要承載著椿帽？

▼

A 因為接續椿頭的梁柱接頭很小。

下圖是鋼骨柱的接頭承載圖。梁柱接頭很小，需要椿帽才能接上椿。由於椿頭會露出鋼筋，也需要椿帽來固定。

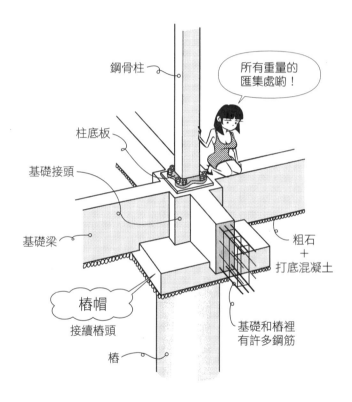

- foot是腳，基腳（footing）像腳一樣，接地處較寬。雖然沒有椿也能只用基腳來支撐，但也有大型場鑄椿接上基腳，或是好幾個預鑄椿接上同一個基腳等作法。接椿之基腳稱為椿帽。
- 建物的重量，以柱→基礎接頭→椿帽→椿來傳遞。基礎的梁柱接頭是將建物整體重量傳到土壤非常重要的部分，也是工程中很費心力的一環。上圖為RC基礎承載鋼骨柱的示意圖，其中省略地面樓板部分。所有重量匯集在梁柱接頭，傳遞給椿。如果這個立足點沒有好好完成，不管上層蓋得多好，都是不穩定的建物。

Q 單管鷹架是什麼？

▼

A 直徑約5cm的鍍鋅鋼管（圓管、鐵管）所組立而成的鷹架。

支柱部分稱為**立架**，橫桿部分稱為**橫架**。連接部分稱為**連接棒**（連接金屬構件），縱橫接續處為**活動接頭**（緊結金屬構件），底部使用**調整座**。

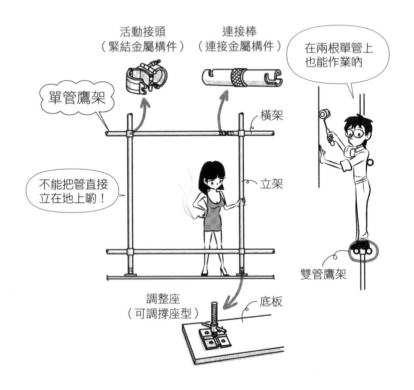

- 近來不用圓木，多用鋼管組立。鷹架的鋼管是用鐵管一根根組立起來的，所以稱為單管。因為直接插入地上立起鋼管會不穩定，所以鋪上底板並裝上調整座後，再插入鋼管。
- 在木造住宅重新粉刷等沒有多餘空間的作業場所，經常採用橫向裝設兩根鋼管的方式，稱為雙管鷹架。筆者有幾次在雙管鷹架上工作的經驗，即使在雙管上也出乎意料地作業方便。

Q 楔型鷹架是什麼？

▼

A 用錘子將固定在橫桿上的楔子打入支柱上的插銷，所組立而成的鷹架。

因為可以省略鎖上活動接頭的作業，提高了組立的效率。

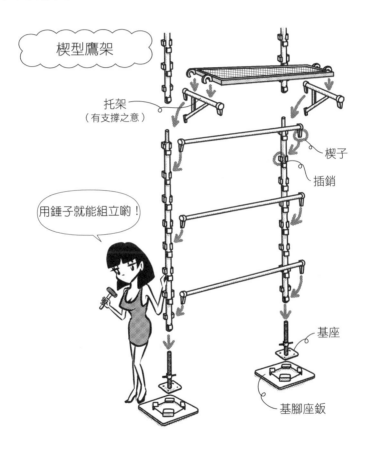

楔型鷹架

托架
（有支撐之意）

用錘子就能組立囉！

楔子

插銷

基座

基腳座鈑

● 從開發時的商品名，延伸出日文別稱ピケ足場。ピケ一詞源自picket，原意為小型的樁。

Q 單排鷹架和雙排鷹架是什麼?

▼

A 支柱並排為一列的是單排鷹架，支柱並排為兩列的是雙排鷹架。

當基地沒有多餘空間時用單排鷹架，有空間且為大型建物則用雙排鷹架。單排鷹架是用兩根鋼管組成的雙管鷹架，用來取代工作台。雙排鷹架是標準的鷹架，所以日文又稱為「本足場」。

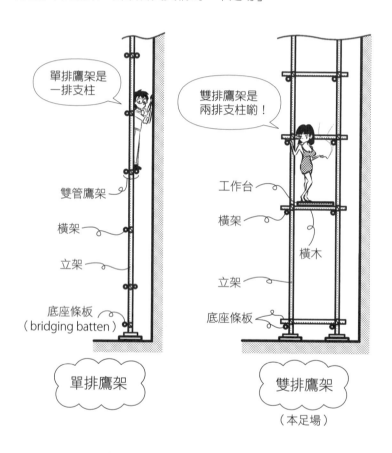

單排鷹架是
一排支柱

雙排鷹架是
兩排支柱喲!

雙管鷹架

橫架

立架

底座條板
（bridging batten）

工作台

橫架

橫木

立架

底座條板

單排鷹架

雙排鷹架

（本足場）

● 鷹架的支柱稱為立架，橫向的水平材稱為橫架，橫跨梁上的水平材為橫木。

Q 組合式鷹架（門型架）是什麼？

▼

A 如下圖，以鋼管做成的立柱和踏板組立而成的鷹架。

 這種鷹架組立和解體都很簡單，又具強度，所以廣泛使用。因為是工廠規格大量生產，產品的品質也很穩定。

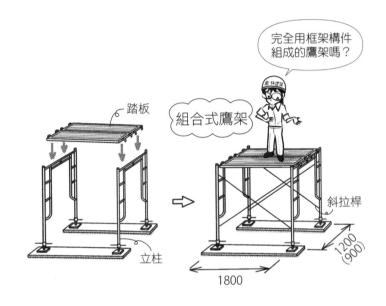

完全用框架構件組成的鷹架嗎？

組合式鷹架

踏板

立柱

斜拉桿

1800

1200
(900)

• 立柱分為寬度 1200mm 和 900mm。每隔 1.8m 排列立柱，再用斜拉桿架起呈垂直，將水平踏板橫跨立柱就完成組立。

Q 鷹架的接壁／壁拉桿是什麼？

▼

A 為了不讓鷹架傾倒或搖晃，用金屬構件把鷹架固定在建物的牆壁上等處（接壁），或是指這類金屬構件（壁拉桿）。

如果不把鷹架連接在建物結構體上，可能因強風或地震而倒塌。一般是固定在RC造陽台的拱肩牆或在牆上打洞固定，S造則是把金屬零件銲接在梁上再用螺栓固定。單管鷹架在水平高度5.5m以下、垂直高度5m以下的部位必須固定，組合式鷹架則是水平高度8m以下、垂直高度9m以下的部位必須固定。

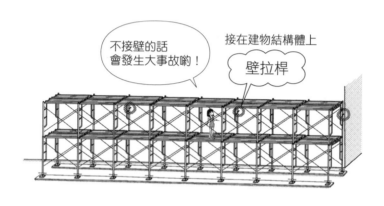

不接壁的話會發生大事故喲！

接在建物結構體上
壁拉桿

● 小規模的塗裝作業有時會使用幾乎未裝壁拉桿的鷹架。塗裝時為了不使塗料飛到附近區域，鷹架外側會加上防塵網。筆者曾有當風吹到防塵網上時，整個鷹架都在動的可怕經驗。當時急忙將繩子和金屬構件等接在牆上，所以對為什麼鷹架不接壁這件事至今記憶猶新。同一時期，發生大型鷹架倒塌壓死小孩的事故，更加覺得鷹架接壁至關重要。

Q 移動式施工架是什麼？

▼

A 如下圖，支柱下部裝有輪子可移動的組立鷹架。

若是建物整體都裝上鷹架，花費昂貴，所以當基地有多餘空間且地面平坦時，使用移動式施工架（rolling tower）非常方便。輪子上附有制動裝置（煞車），爬上鷹架時必須鎖上制動裝置。

移動式施工架

能移動很方便喲！

也能減少鷹架的費用呢

輪子　　可調撐座　　制動裝置

● roll是轉動，rolling tower直譯是轉輪移動的塔。筆者也用過如上圖大小的鷹架，因為附有大型輪子，一個人也能移動。根據基地的大小，沒有多餘空間就用單管鷹架，若空間夠就用移動式施工架，以減少鷹架費用。

Q RC造的施作順序大致為何？

▼

A 1. 架設模板。
2. 在模板中置入鋼筋。
3. 把混凝土澆置到模板內。
4. 等待硬化。
5. 拆除模板。

架設模板後，在裡面組立鋼筋，倒入預拌混凝土後等待硬化。接著，拆除模板（脫模）就完成了。實際上，模板和鋼筋工程是同時進行的。預拌混凝土只需一天時間便能硬化到可在上面行走，但要達到所定強度需花上四週（二十八天）。

RC 造的施作方式

模板工程　鋼筋工程　澆置混凝土　　養護　　模板拆除

● RC是 reinforced concrete 的縮寫，直譯為經過加強的混凝土。混凝土具有極佳的抗壓強度，但是抗拉強度很弱，所以用鋼筋這種鐵棒來加強拉力方向。

Q 結構施工圖、模板施工圖是什麼？

▼

A 只挑出混凝土結構體部分，畫出並詳細記錄尺寸的圖是結構施工圖。畫出模板的間隔配置的圖，則是模板施工圖。

混凝土做成的硬體部分稱為結構體，單純混凝土的部分一般也稱為結構體。正確的結構施工圖能避免工程出錯，並提高精確度。以結構施工圖為基礎，便能做出**模板施工圖**。

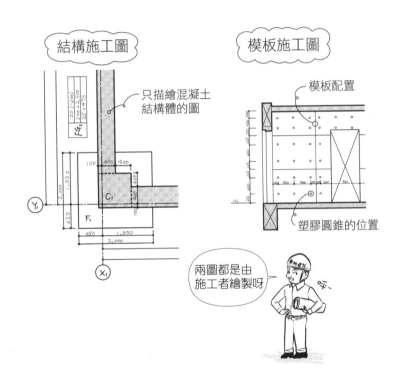

● 施工者一邊對照設計者的建築設計圖、結構圖和設備圖，一邊製作只有結構體的施工圖。插座盒、設備套筒（配管類通過的孔）等也記入其中。特別是清水混凝土、襯板或塑膠圓錐的痕跡也要留在紙面上。模板配置沒做好，看起來不美觀。

12

模板工程

Q 模板支撐材是什麼？

▼

A 用以支撐而避免混凝土模板崩塌所用的支柱、角材和圓管等。

 混凝土的比重大約是水的 2.3 倍，加上幫浦壓送混凝土的壓力，模板承受很大的力。用來支撐保持模板的是**模板支撐材**。模板用的板日文寫作**堰板**，源於用來阻擋混凝土的板之意。

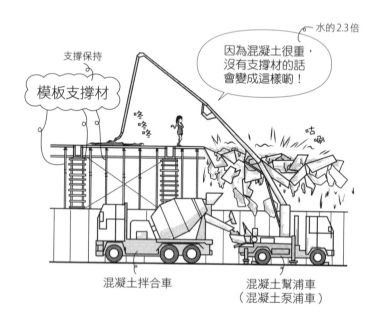

混凝土拌合車　　　混凝土幫浦車（混凝土泵浦車）

- 因為流出的是水的 2.3 倍重的東西，也能想成是「如同土石流」。
- mixer（拌合車）的 mix 是混合之意，agitator（攪拌車）的 agitate 是攪拌之意。

Q 預拌混凝土如何在模板側面形成壓力？

▼

A 澆置初期，和水一樣會因高度而依比例增加側壓，但隨著時間，黏度增加，使側壓變成一定值，進而混凝土漸漸硬化而側壓減少。

因為預拌混凝土具有黏性，無法像水壓一樣簡單計算出來。隨著時間而硬化成固體時，側壓隨之減少。幫浦車的澆置速度、氣溫、混凝土的流動性，也會影響壓力大小。

- 日本建築學會的「鋼筋混凝土工程標準仕樣書」（JASS 5），訂有依照柱或牆壁、澆置速度快慢、高度不同的側壓計算式。
- 當側壓達一定值的高度，稱為側壓定值高度（concrete head）。流體力學裡，壓力的單位用水的高度來表示，稱為水頭壓力，也就是以水的頂部上升多少作為測量單位。

Q 隔件是什麼？

▼

A 用來使襯板保持間距的金屬零件。

◆ separate是分隔的意思，separator（隔件）是用來確保襯板間距的金屬
零件。襯板將隔件和塑膠圓錐夾在其中，外側卡上兩根圓管並栓上**模板
緊結器**（form tie）來固定。拆除模板後，取下塑膠圓錐，用防水砂漿
填充。

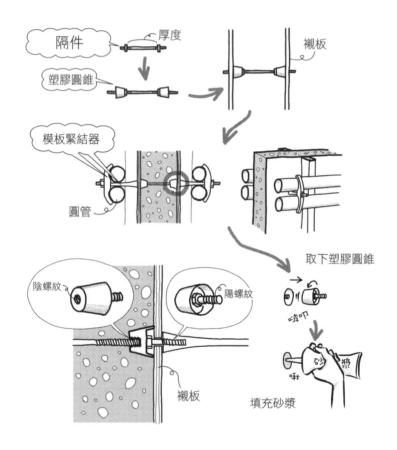

● 隔件是埋在混凝土裡。
● 磁磚等的裝修不用塑膠圓錐，直接用模板緊結器固定隔件。拆模後，切除露出混
　凝土外的螺絲。

Q 方材是什麼？

▼

A 固定襯板的木材、鋼管（鐵管、圓管）、型鋼等。

 方材（batten）的日文為「端太」，粗的方材又稱為**端太角**。細的方材稱為**角材**。用隔件＋塑膠圓錐＋模板緊結器等金屬零件，將襯板和方材牢牢固定組成模板。

方材（角材）

方材（圓管）

襯板

外方材

內方材

模板緊結器

因為慌慌張張組立而成，所以叫方材嗎？

〔譯註：「慌慌張張」的日文為「バタバタ」，「方材」的日文為「バタ」，取其字同的玩笑語〕

● 鷹架所使用的圓管，也可作為方材。
● 方材分為內側的內方材和外側的外方材，相互垂直架起會更堅固。

Q 襯板是使用哪些材質？

▼

A 一般是用合板，也有鋼製或鋁製。

常使用的是12mm厚的柳安木合板，也稱為**混凝土合板**（concrete panel）。厚度有9mm、15mm、18mm、21mm、24mm、28mm等多種類型。大小以三六板（3尺×6尺）的910mm×1820mm居多，此外也有1200mm×2400mm、1200mm×3000mm等。

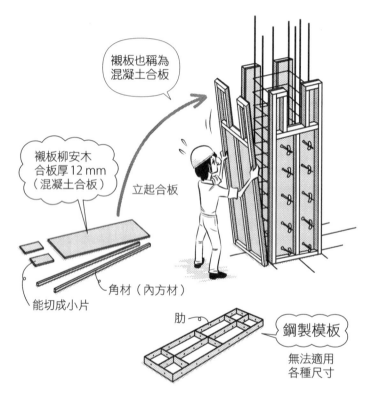

襯板也稱為
混凝土合板

襯板柳安木
合板厚12 mm
（混凝土合板）

立起合板

能切成小片

角材（內方材）

肋

鋼製模板

無法適用
各種尺寸

- 若用鋼製或鋁製，可以重複使用節省資源，但因為是附有肋（rib，補強材）的現成品，缺點是無法自由運用在各種尺寸。
- 混凝土合板也用來做地板的基礎材，厚12mm的合板每隔303mm放上地板格柵。若厚為24mm、28mm，省略地板格柵，每隔900mm直接打入梁或地板梁，稱為無地板格柵工法。1尺303mm，3尺為909mm，但合板都是切成910mm的大小販售。JAS（Japanese Agricultural Standards，日本農林規格）規定了混凝土模板用合板的大小。

Q 能做出有襯板紋路的清水混凝土嗎？

▼

A 可以使用杉板模等來澆置清水混凝土。

清水混凝土是拆掉模板後無經修飾的混凝土，20世紀初在法國正式使用。為了使混凝土表面光滑，使用表面具黃色光澤的聚氨脂塗裝混凝土合板。為了做出木紋或合板的企口接縫，有時會特地使用薄杉板接續而成的模板。

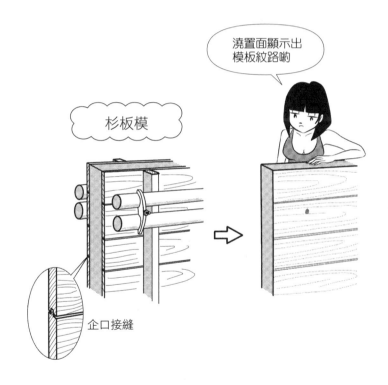

澆置面顯示出模板紋路喲

杉板模

企口接縫

• 混凝土合板普及之前，一般是用杉板作模板，而今杉板已變成特殊的模板。
• 模板的企口接縫是指模板的小口（斷面）經加工後呈現凹凸狀，用來接續的部分。以前的地板材是用接縫一片一片接起來。現在的地板材幾乎都有長度約455mm的接縫。日文的企口接縫分為相同木材接續的「本実」，以及不同木材接續的「雇い実」。

Q 柱箍是什麼？

▼

A 如下圖，用來緊固獨立柱模板的金屬零件。

 column為柱子（特別是圓柱），clamp原指用來緊固的金屬零件。要在獨立柱的模板旁架設鋼管，必須繞一整圈。使用柱箍（column clamp）能提高作業效率。

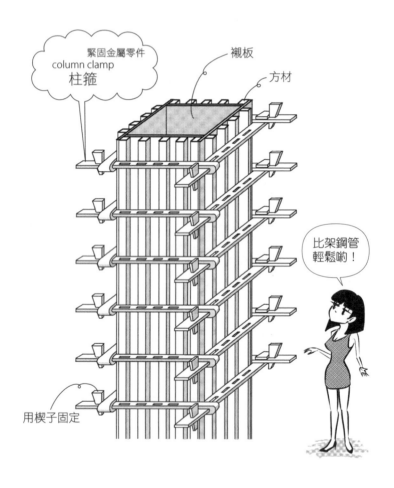

緊固金屬零件
column clamp
柱箍

襯板

方材

比架鋼管
輕鬆喲！

用楔子固定

Q 模板支撐架是什麼？

▼

A 如下圖，鋼管（鐵管）製的支柱。

■ 模板支撐架（pipe support）中間接有調整座或插銷，可調整高度。用在梁下、樓板下的支撐。

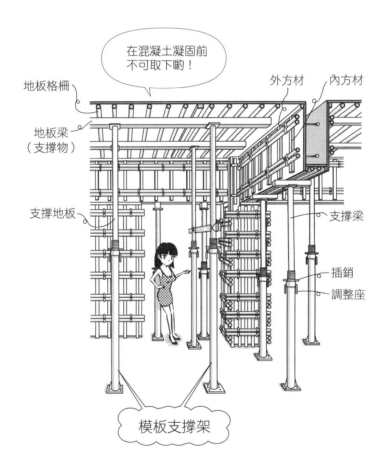

在混凝土凝固前不可取下喲！

地板格柵

外方材　內方材

地板梁
（支撐物）

支撐地板

支撐梁

插銷

調整座

模板支撐架

● 確定抗壓強度達一定程度以上之前，不能拆掉梁下和樓板下的支撐材。放置支撐材期間，稱為保留時間。在強度不夠時拆掉梁的支撐架是很危險的。
● 當樓層很高時，有時會利用組合式鷹架。

<159>

Q 如何避免模板支撐架倒塌？

▼

A 用鋼管、角材等接在斜撐、水平連接材和底座條板上。

斜撐是斜向放入形成三角形，使其不易倒塌的構材。水平連接材是用來水平接上支柱，以避免晃動的構件。底座條板和固定在木造束木上的條板一樣，用來固定支柱使其不晃動。

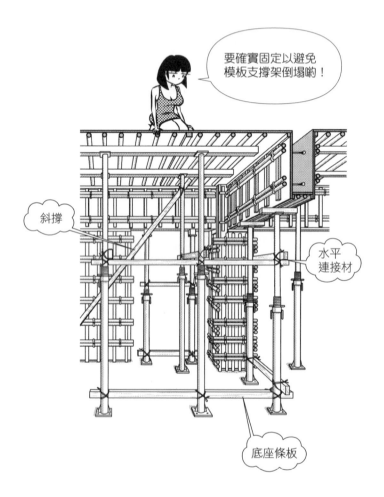

Q 如何製作基礎梁和基腳的模板？

▼

A 底層會澆置打底混凝土，所以只架設側面的模板。

架設單邊的模板並組立鋼筋後，再用長型隔件緊連另一邊的模板。如果
周圍有土或擋土牆，可用角材等架在其中支撐模板。

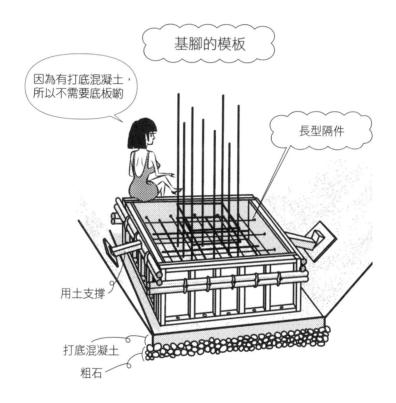

基腳的模板

因為有打底混凝土，
所以不需要底板喲

長型隔件

用土支撐

打底混凝土

粗石

- 模板可接在擋土牆上，但不能接在鷹架或定位用的假設物上，因為假設物很容易
  移動。
- 如果像R134下圖有底板的情況，先裝好底板後，再施作梁和其上的樓板，形成
  雙層樓板。

Q 柱的鋼筋和模板的組立順序為何？

▼

A 順序是鋼筋→模板。

柱的主筋（縱向粗鋼筋）分布在柱的四邊，所以架設模板之前，先用鋼筋組立出柱的形狀。組立鋼筋後，沿著畫在地面上柱的墨線，堆起一點砂漿，再貼著砂漿立起模板，稱為根捲砂漿。

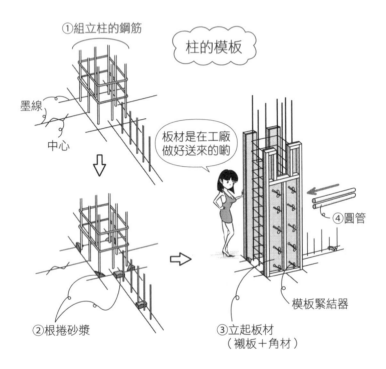

①組立柱的鋼筋

柱的模板

墨線

中心

板材是在工廠做好送來的喲

④圓管

模板緊結器

②根捲砂漿

③立起板材（襯板＋角材）

- 現場裁切組立襯板很費工，所以在工廠將角材（內方材）固定在襯板上，做成板材後運到現場。現場進行組立板材和緊結外方材的作業。內方材主要是垂直方向，外方材主要是水平方向，兩種方材縱橫交錯。
- 柱的模板下部，有時會預留澆置混凝土前打掃灰塵等用的開口。
- 鋼骨柱的根部會裹捲上混凝土，使鋼骨柱不易傾倒，稱為根捲。

Q 柱角作倒角的目的是什麼？

▼

A 如果柱角是直角，預拌混凝土流動不佳時，礫石有時會浮出讓表面凹凸不平（蜂窩）。此外，可避免混凝土缺塊或有人碰到受傷。

在模板裡放入**倒角板條**（chamfer strip），做出柱角或壁角的面。除了木製倒角板條，也有合成樹脂製現成品。

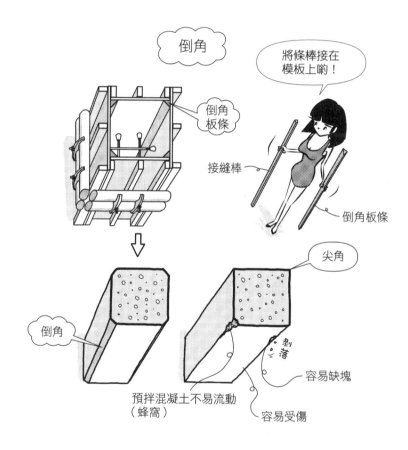

- 切出45度角或圓弧面，稱為圓面或R加工。45度角或圓弧的部分稱為面。日文中的「面」，也用指木造的柱或流理台的面板端部。
- 製作面的條棒稱為倒角板條，製作接縫的條棒稱為接縫棒（joint strip）。

Q 柱和梁的模板組立順序為何？
▼
A 順序是柱的模板 →梁的模板。

組立柱的鋼筋後，架設柱的模板。接著，將梁的模板橫架在柱的模板上固定。

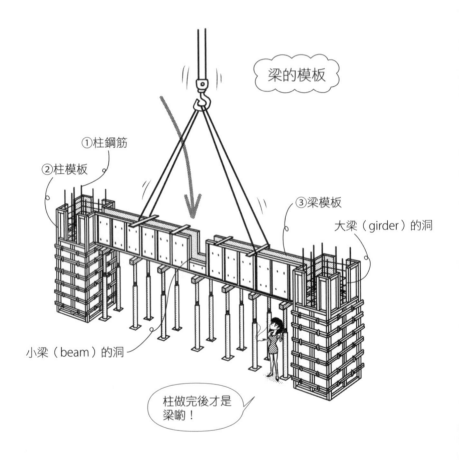

梁的模板

①柱鋼筋
②柱模板
③梁模板
大梁（girder）的洞
小梁（beam）的洞

柱做完後才是梁喲！

● 當柱是埋入外牆內側時，外牆和柱是同一個面。此時要從外牆的內側模板開始架設，接著組立柱和牆的鋼筋後，再製作外牆的外側模板。

Q 柱、梁、樓板的模板組立順序為何？

▼

A 順序是柱模板→梁模板→樓板模板。

組立柱的鋼筋和模板後，將梁模板橫跨架上。完成柱和梁的模板，最後才橫架樓板的模板。鋼筋的組立也是樓板部分最後進行。

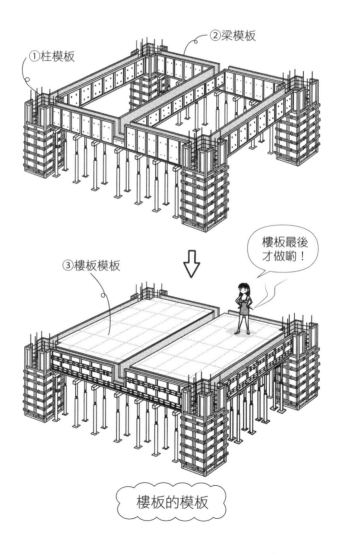

②梁模板

①柱模板

③樓板模板

樓板最後才做嘍！

樓板的模板

Q 何時組立牆的模板？

▼

A 一般是在柱和梁的模板組立之後。

以柱和梁的模板為基準，架設單邊的牆模板。製作樓板模板並組立壁鋼筋後，再架設牆壁另一邊的模板。

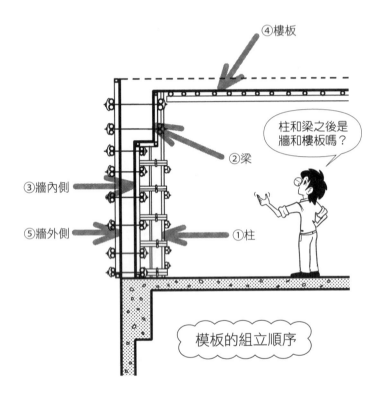

④樓板

柱和梁之後是
牆和樓板嗎？

②梁

③牆內側

⑤牆外側

①柱

模板的組立順序

● 牆的模板複雜交錯在柱和梁之間，所以有時先做完柱和牆後，再架設梁的模板。

Q 牆的模板和鋼筋的組立順序為何？

▼

A 順序是單邊的模板→隔件→鋼筋→另一邊模板。

用隔件＋塑膠圓錐固定單邊的模板並組立鋼筋後，再組立另一邊的模板。模板所使用的襯板及裝在上面的內方材，大多先在工廠做好後再搬到現場。在現場用模板緊結器固定圓管等外方材。

牆的模板

單邊分別組立而成嗎？

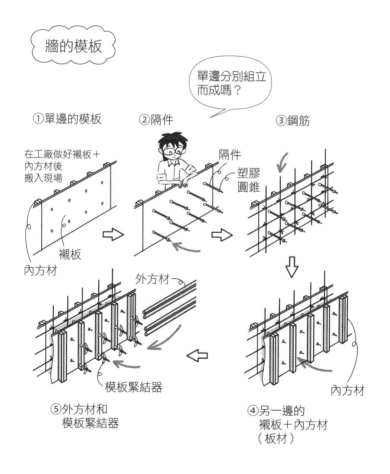

①單邊的模板

在工廠做好襯板＋內方材後搬入現場

襯板

內方材

②隔件

隔件

塑膠圓錐

③鋼筋

外方材

模板緊結器

⑤外方材和模板緊結器

④另一邊的襯板＋內方材（板材）

內方材

Q 如何組立樓梯的模板？

▼

A 順序是樓梯樓板下的斜面模板→鋼筋→踏板、踢腳板和每一段梯級的模板。

樓梯是在斜面上構成每段梯級的形狀，所以模板的架設很費工。首先用模板支撐架等牢牢撐住樓梯下的斜面，組立鋼筋。因為不像地面樓板一樣是平的，直接澆置預拌混凝土會全部流到下面。製作一階階的模板，並在上面加蓋。

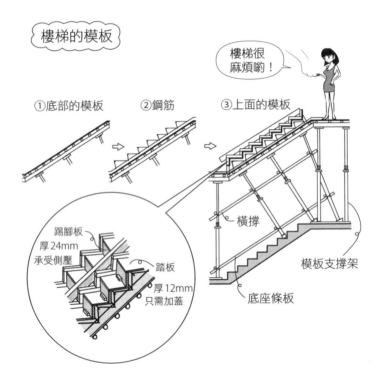

樓梯的模板

①底部的模板　②鋼筋　③上面的模板

樓梯很麻煩喲！

踢腳板 厚24mm 承受側壓

踏板 厚12mm 只需加蓋

橫撐

模板支撐架

底座條板

● 每段梯級，縱向的踢腳板需承受預拌混凝土的側壓。所以踢腳板用厚24mm左右的板製作，接著再用厚12mm左右的踏板加蓋。

Q 如何進行模板的鉛錘改正？

▼

A 用鍊子、套筒螺釦（turnbuckle）等物件來進行垂直和水平修正。

將鍊子或金屬線接在埋入地面樓板的金屬零件和柱上部的圓管等處，中間裝上套筒螺釦，邊調整長度邊修正垂直。

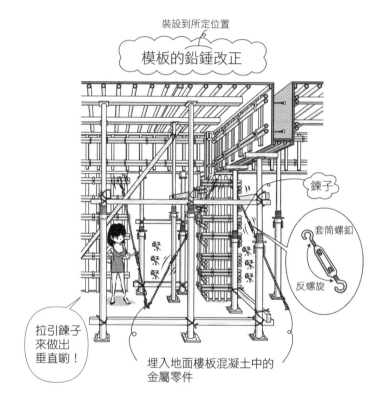

裝設到所定位置

模板的鉛錘改正

鍊子

套筒螺釦

反螺旋

拉引鍊子
來做出
垂直喲！

埋入地面樓板混凝土中的
金屬零件

- 錘準是指將窗框、柱和模板等構件裝設到所定的位置。鉛錘改正則是將錘準後的構材微調整至垂直或水平。木造或鋼骨造中，柱子組立完成後的垂直修正，也稱為鉛錘改正。
- 螺釦原意是皮帶或靴子的金屬零件，套筒螺釦是邊旋轉邊調整長度的金屬零件。

Q 單次的混凝土澆置要澆置到哪裡？

▼

A 基本上是從下一層樓板表面到上一層樓板表面。

從下一層樓板的上面開始連續澆置。將預拌混凝土灌入柱和牆裡，最後澆置到樓板。這樣一層一層往上連續澆置，就形成完整的結構體。

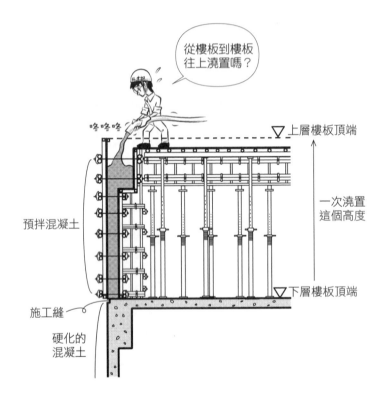

從樓板到樓板
往上澆置嗎？

喀喀喀

▽ 上層樓板頂端

一次澆置
這個高度

預拌混凝土

▽ 下層樓板頂端

施工縫

硬化的
混凝土

● 為了不讓水滲入連續澆置部分，預留施工縫密封起來。
● 梁頂端和樓板頂端一致，所以梁高是到樓板頂端的高度。

Q 可以進行梁下支柱的移設嗎？
▼
A 不可以。

移設是拆除假設物再配置。支柱的移設是指暫時移開支柱，將襯板和方材移除後，再重新立起支柱。梁是承載荷重最重要的水平構材，做支柱的移設時，由於混凝土強度還未達到，梁可能彎曲，所以不能進行。

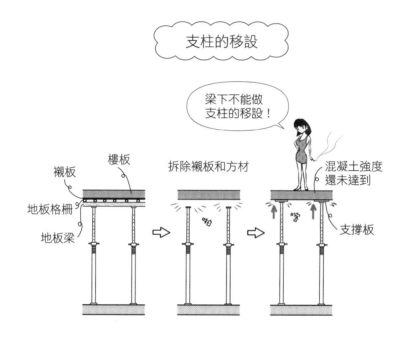

支柱的移設

梁下不能做
支柱的移設！

襯板

樓板　　　　拆除襯板和方材　　　　混凝土強度
還未達到

地板格柵

地板梁　　　　　　　　　　　　　　　　　　支撐板

● 樓板下的支柱移設，是為了同時進行其他部分的模板工程，將逐步拆除的模板，用在其他地方。拆除剩下的支柱簡單又不費時。在日本，可進行移設的地方，必須以國土交通省（類似台灣的交通部，但機能含括內政部營建署）或JASS（日本建築學會建築工程標準仕樣書）所訂定的保留期間和強度為準。

Q 在上層架立模板支撐架（支柱）時，需考慮下層模板支撐架的位置嗎？
▼
A 模板支撐架的位置，需上下層一致。

在混凝土完全硬化之前，模板支撐架和梁下的襯板等還留著時，開始組立上層的模板。模板支撐架的位置一致，就能讓荷重完全往下傳遞。

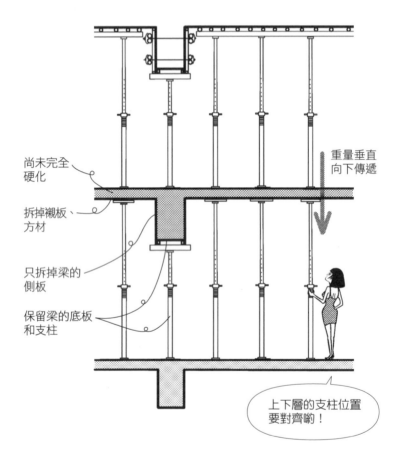

尚未完全
硬化

拆掉襯板、
方材

只拆掉梁的
側板

保留梁的底板
和支柱

重量垂直
向下傳遞

上下層的支柱位置
要對齊喲！

● 模板支撐架（支柱）最多可以串接兩根，接合部用四個以上的螺栓固定，或是用專用的接合金屬零件。

Q 梁的模板中，垂直的襯板（側板）和水平的襯板（底板）要如何固定？

A 以垂直的襯板可以先拆除的順序固定。

水平的襯板，也就是**底板**，必須和模板支撐架一起固定到最後一刻。為了不移動底板而能拆除垂直的襯板，也就是**側板**，必須思考能讓側板橫向移動，兩者還能相互卡住的固定方法。

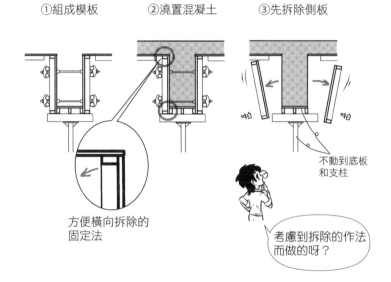

①組成模板　　　②澆置混凝土　　　③先拆除側板

方便橫向拆除的
固定法

不動到底板
和支柱

考慮到拆除的作法
而做的呀？

●如果要洗淨襯板再利用，塗布剝離劑可以讓混凝土較易剝除。

Q 如何將電線穿過混凝土中？

▼

A 先在模板內裝設管或盒，澆置混凝土後穿過管或盒。

如果直接將電線埋設在混凝土中，電線很快會因砂礫或重量等而損傷。將稱為 **CD管** 的橘色管、用來拉出電線的**出線盒**（outlet box）和**端蓋**（end cover）等裝在模板的裡側。混凝土凝固後，把稱為傳號線的細線穿過來牽引電線。

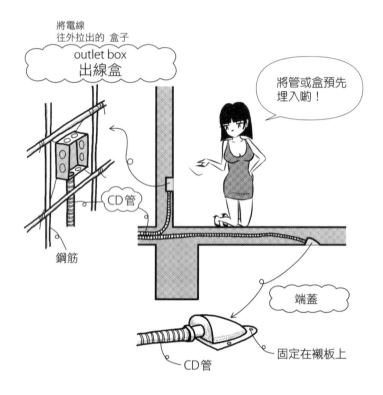

將電線往外拉出的 盒子
outlet box
出線盒

將管或盒預先埋入喲！

CD管

鋼筋

端蓋

CD管

固定在襯板上

● CD管的英文是 combined duct，為複合的管之意；PF管則是 plastic flexible conduit，為樹脂製的軟管。CD管是埋設混凝土中專用，而PF管不易燃，不管埋設或露在外面皆可。為了預防不小心露出CD管，所以做成橘色。

● 如果混雜很多CD管，混凝土的缺陷會變多。此外，在靠近混凝土表面處埋設CD管，有時會造成龜裂。

Q 金屬嵌入件是什麼？

▼

A 埋設在混凝土中的陰螺紋零件。

在圖面上標示出懸吊螺栓（hanging bolt）的位置，於地面樓板的襯板上用釘固定金屬嵌入件（metal insert）。當混凝土凝固後，從下方栓進直徑9mm左右的懸吊螺栓（陽螺紋），用來懸吊天花板、風管或配管等。

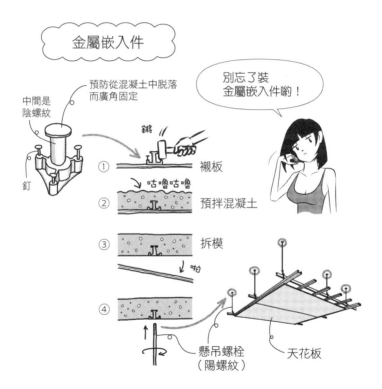

●insert為插入之意。金屬嵌入件是讓懸吊螺栓插入用的金屬構件。

Q 窗框錨栓是什麼？

▼

A 為了銲接固定窗或門的邊框，埋入混凝土中的金屬構件。

用釘子將窗框錨栓（sash anchor）固定在襯板上，混凝土凝固後，把鋼筋穿過窗框側的鋼板和窗框錨栓之間，銲接固定兩者。為了防止水滲入窗框與混凝土間的縫隙，填入混有防水劑的防水砂漿。

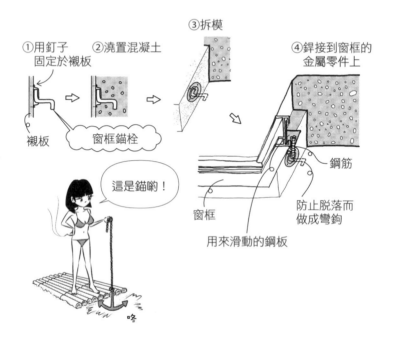

③拆模

①用釘子固定於襯板　②澆置混凝土

④銲接到窗框的金屬零件上

襯板　窗框錨栓

這是錨喲！

窗框

用來滑動的鋼板

鋼筋

防止脫落而做成彎鉤

咚

● anchor原意是船錨，sash anchor是像錨一樣，把窗框固定在混凝土上不動。除了事先埋設在混凝土中的錨栓，也有之後在混凝土上鑽洞固定的後置式錨栓（post-installed anchor）。地錨工法是在地盤上錨定以支撐擋土牆的工法（參見R118）。

Q 梁的圓筒狀套筒（貫通孔）的模板如何製作？

▼

A 如下圖，用紙管等做成。

🔲 最常使用的是以瓦楞紙捲成螺旋狀的紙管，又稱void tube。

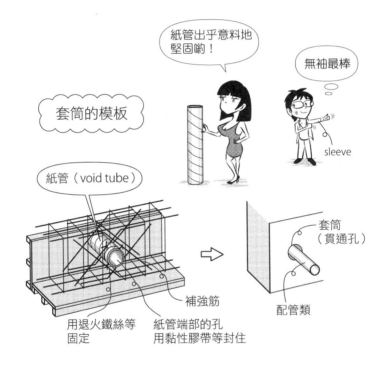

套筒的模板

紙管出乎意料地堅固喲！

無袖最棒

sleeve

紙管（void tube）

套筒（貫通孔）

補強筋

用退火鐵絲等固定

紙管端部的孔用黏性膠帶等封住

配管類

- sleeve原意是衣服的袖子，因為將配管穿過梁或牆，類似把手臂穿過袖子，所以梁或牆的貫通孔也稱為sleeve。void tube的void為中空之意。
- 紙管用退火鐵絲或樹脂製支架固定，與兩側的襯板緊密接合。紙管可用鋸子切割，而為了調整紙管的長度，也有做成兩層的預製品。端部用黏性膠帶或專用的蓋子等封住，防止預拌混凝土流入。
- 套筒是在混凝土上留洞，所以需要用鋼筋等在套筒周圍補強。補強筋放在梁的主筋（軸向的粗鋼筋）或U型箍筋（stirrup，亦稱肋筋，環繞在主筋周圍的細鋼筋）內側，確保混凝土的保護層厚度。

Q 為什麼要在混凝土裡埋設鋼筋？

▼

A 因為混凝土抗拉不佳，需要加入鋼筋來加強。

RC是reinforced concrete（經過加強的混凝土）的簡稱，也就是用鋼筋來加強的混凝土，一般稱為鋼筋混凝土。混凝土的抗拉強度只有抗壓強度的約1/10，所以埋入鋼筋來加強。

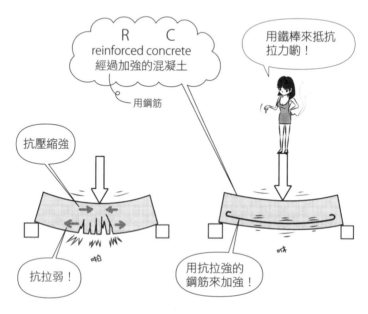

- 鐵在鹼性中不易生鏽，所以鋼筋在鹼性的混凝土中不易生鏽。此外，鐵和混凝土的熱膨脹係數幾乎相同，在同樣的溫度變化下，相同程度地膨脹或收縮，不會有因熱脹冷縮而損壞的情況。

Q 竹節鋼筋是什麼？

▼

A 表面有竹節的鋼筋。

表面凹凸不平，混凝土容易附著的鋼筋，稱為**竹節鋼筋**（deformed bar）。表面光滑的鋼筋稱為**光面鋼筋**（round bar，圓鋼筋）。RC一般使用竹節鋼筋。

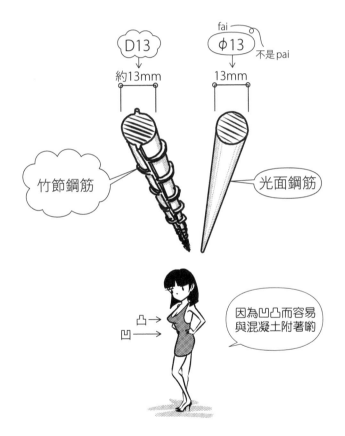

- 直徑13mm的竹節鋼筋寫作D13，光面鋼筋則寫成 φ13。竹節鋼筋因為表面凹凸，D13的直徑大約是13mm。D是diameter（直徑）的縮寫，而 φ（fai）是常被用來表示直徑的希臘字母。φ很容易和 π（pai）讀錯，要特別注意。
- 鋼筋表面的薄層紅鏽，混凝土也容易附著，無需處理。然而，變成粉狀的紅鏽，需要用金屬刷（鋼絲刷）等去除。

Q 截斷機是什麼？

▼

A 如下圖，在常溫下用來切斷鋼筋的機械。

鋼筋加熱後會變質和變形，原則上冷鍛常溫加工，也就是不加熱的切割、彎折加工鋼筋。shear是像剪刀一樣的切斷剪力。shear cutter（截斷機）就是用強的剪力切斷。此外，也可用電動切割機（電鋸）來切斷。

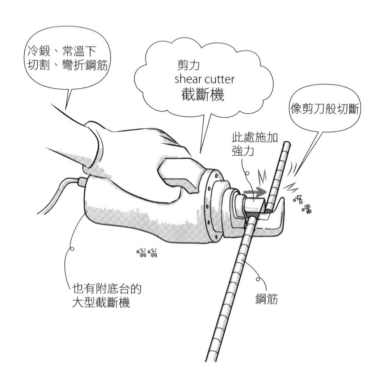

冷鍛、常溫下
切割、彎折鋼筋

剪力
shear cutter
截斷機

像剪刀般切斷

此處施加
強力

也有附底台的
大型截斷機

鋼筋

● 剪力是相互平行但反方向作用的兩力，剪刀剪切的力便是一例。
● 瓦斯熔斷是用乙炔和氧氣等燃燒將鐵燒斷，用於解體或不需施力的切割，但不能用在鋼筋。如果用瓦斯熔斷鋼筋，端部無法呈現完整的直角，或會因熱而變質。

Q 鋼筋彎曲機是什麼？

▼

A 在常溫下用來彎曲鋼筋的機械。

鋼筋的加工和切斷相同，原則上在冷鍛、常溫的狀態彎曲。鋼筋彎曲機（bar bender）又稱鋼筋彎折機。市售各式各樣的彎曲機，包括工廠使用的附底座大型機械，以及施工現場手提式小型工具等。

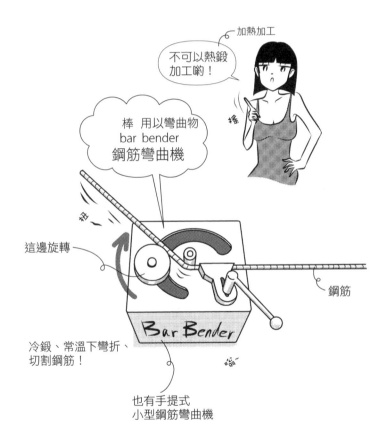

- bar是棒，bend是彎曲，bender是使之彎曲的機具，所以 bar bender 表示用來彎曲棒子的機械。
- 切斷或彎曲鋼筋的加工，大多盡可能在工廠完成後於現場組立。
- 冷鍛加工和常溫加工為同義詞。

Q 如何綁紮鋼筋？

▼

A 用鉗子（俗稱老鼠尾）和退火鐵絲（annealing wire）來綁紮。

退火鐵絲在成品出貨時，已經是對折狀態。將對折成兩根的鐵絲斜向掛在鋼筋交會處，用**鉗子**勾住環狀部位（圖①），接著將另一端的鐵絲也勾住，旋轉數圈固定（圖②）。綁紮完的退火鐵絲端部，不面向結構體外部，而是往內側彎折（圖③）。

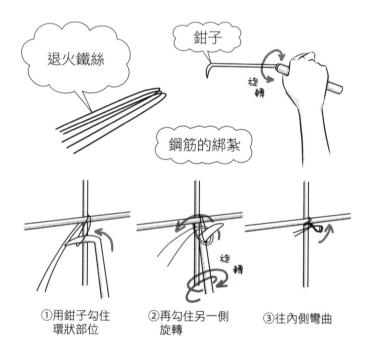

鋼筋的綁紮

①用鉗子勾住　　　②再勾住另一側　　　③往內側彎曲
　環狀部位　　　　　旋轉

- 鉗子設計成先端部位可旋轉。退火鐵絲露出混凝土結構體表面容易生鏽，所以往內側彎曲。
- 如果銲接鋼筋來固定，因為加熱而維持在膨脹狀態，冷卻時會因收縮導致銲接點之間的鋼筋內部產生應力。此外，簡單的銲接也可能因為預拌混凝土的壓力而脫落。所以原則上不用點銲，而用退火鐵絲來綁紮固定。
- 退火鐵絲是直徑0.8mm左右經退火處理的鐵絲。退火為加熱後徐徐冷卻。鐵經退火後，會變軟且容易切斷。鐵加熱後放入水或油中急冷稱為淬火（quenching），經此加工會變硬且脆弱易碎。刀具就是淬火鑄造。

Q 搭接長度包含彎鉤嗎？

▼

A 不包含。

若是鋼筋末端形成彎鉤，就不容易從混凝土中脫落，能強化一體化的結構。搭接鋼筋時，搭接長度不包含彎鉤部分。

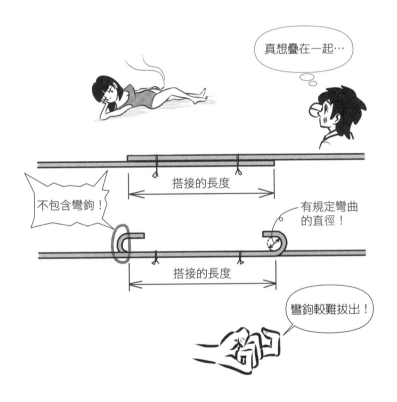

- JASS 5記有接合長度的規定，例如附彎鉤的是25d、無彎鉤的是35d等（d是鋼筋直徑）。附彎鉤的接合長度可以較短，但全長並不包含彎鉤本身。錨定長度也因有無彎鉤而異。
- 有彎鉤等彎曲的地方，彎曲直徑規定在D16以下3d以上等。如果過度彎曲，會傷到鋼筋而降低強度。
- 彎曲直徑、有無彎鉤、保護層厚度、接合長度、錨定長度、接合位置等一般的共通事項，寫在最初附於結構圖的「配筋標準圖」中。

Q 柱主筋（縱向粗鋼筋）的根部如何處理？

▼

A 彎曲後固定（錨定）在基腳等處。

柱的根部落在基腳等的基礎上，所以縱向直立的粗主筋，必須牢牢固定在基礎上。

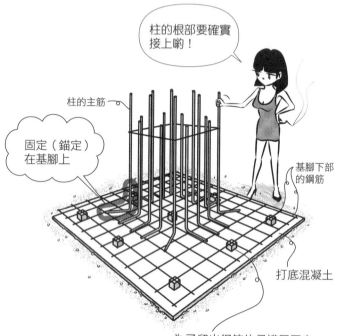

柱的根部要確實接上囉！

柱的主筋

固定（錨定）在基腳上

基腳下部的鋼筋

打底混凝土

為了留出鋼筋的保護層厚度，打底混凝土表面上的混凝土製間隔物（墊塊）

- 在縱橫組成的基腳下部鋼筋上，裝上彎曲的柱主筋，接著和基腳上的鋼筋（袴筋）捆在一起。澆置基礎的混凝土後，再用瓦斯壓接或搭接等往上延伸。
- 間隔物是留出空間用的墊塊。

Q 基腳底部鋼筋的保護層厚度要從哪裡開始測量？

▼

A 從打底混凝土表面，如果有樁的話從樁頭開始量。

 因為水會從旁邊滲入打底混凝土，所以不能把打底混凝土計入混凝土的保護層厚度。此外，樁頭的表面也可能被水滲入，所以保護層厚度從樁頭開始量。

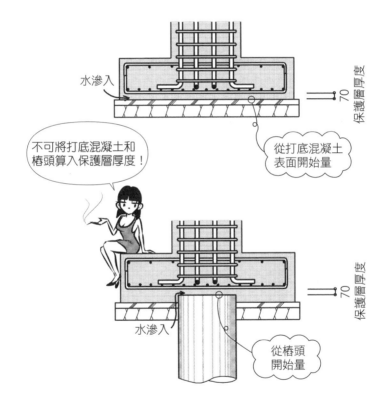

水滲入

保護層厚度

70

不可將打底混凝土和樁頭算入保護層厚度！

從打底混凝土表面開始量

保護層厚度

70

水滲入

從樁頭開始量

- 保護層厚度是從鋼筋表面到混凝土表面的厚度。如果保護層很薄，預拌混凝土的砂礫難以通過，容易造成蜂窩（凹凸不平的空洞）。此外，若混凝土的保護層很薄，鋼筋容易生鏽，也會造成混凝土爆裂。用很薄的混凝土包裹的鋼筋不會和混凝土一體化，結構體的強度也會變弱。無論從施工性、耐久性、承載力等各方面來考量，保護層都需要有適當的厚度。
- 基礎的保護層厚度，JASS 5 規定為 70mm 以上，日本建築基準法則是規定 60mm 以上。

Q 混凝土澆置至樓板表面時，下方樓層的鋼筋如何處理？

▼

A 讓柱主筋和壁縱筋露出樓板，之後用來續接。

如果在樓板稍微上方處切斷鋼筋，上下樓層在結構上無法一體化。所以讓縱向鋼筋露出上方樓板作為續接之用，使結構一體化。

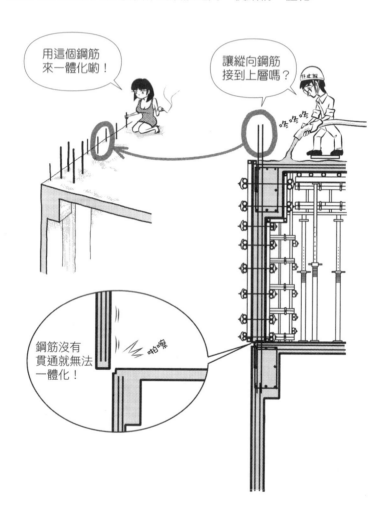

Q 預留筋是什麼？

▼

A 為了讓混凝土一體化，事先插入混凝土中的鋼筋。

在梁當中等處插入短鋼筋，澆置混凝土後，把牆的鋼筋接合組立在這個鋼筋上。預留筋高出樓板50cm左右。

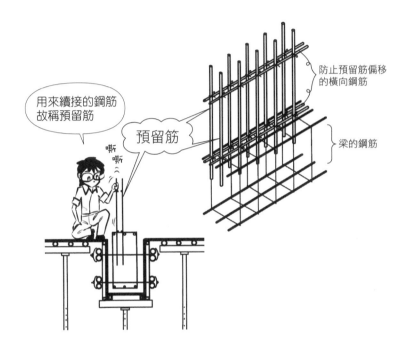

- 下層的壁主筋，也有連續穿過樓板往上延伸的情況。這種連續穿過的壁筋，也會高出樓板一小段，亦稱接合鋼筋。
- 根據結構上重要的承重牆和無關結構的非承重牆，或依據鋼筋種類，壁筋到梁的錨定長度和接合長度等各有不同。

Q 化學錨栓是什麼？

▼

A 混凝土硬化後打洞，用藥品接著錨定（牢牢固定）鋼筋等。

在既有的混凝土軀體上面或橫向追加澆置混凝土的情況下，用後施工的化學錨栓（chemical anchor）固定鋼筋。

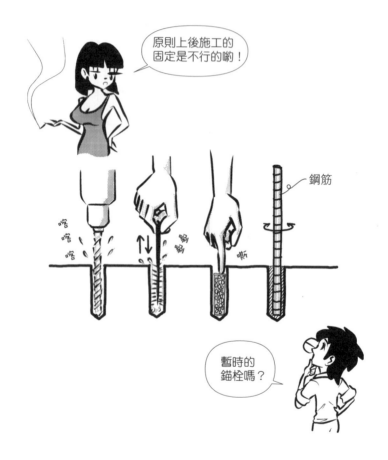

●chemical是化學的、藥品的之意，anchor是錨，chemical anchor是利用化學、藥品的力量來固定。這個方法最多僅限暫時使用，用化學錨栓固定預留筋很危險。

Q 如何進行柱主筋的續接？
▼
A 用瓦斯壓接等方式來續接。

柱和梁的縱軸方向的粗鋼筋，稱為主筋。柱梁的粗主筋續接常用瓦斯壓接，原理為利用瓦斯的熱和壓力，使鐵呈不熔化的固體狀態，促使鐵原子活躍運動，重新排列使鋼筋一體化。

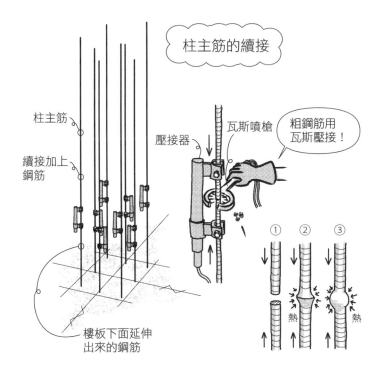

柱主筋的續接

柱主筋
續接加上鋼筋
壓接器
瓦斯噴槍
粗鋼筋用瓦斯壓接！
① ② ③
熱 熱
樓板下面延伸出來的鋼筋

- D29以上的竹節鋼筋不可搭接，一定要用瓦斯壓接。鄰接的鋼筋需要距離壓接位置400mm以上，以提高安全性和作業便利性。壓接面用平面砂輪機（angle grinder，砂輪機為旋轉圓形砥石的機械）來打磨削除，使斷面平滑。
- 用張力試驗或超音波探測（ultrasonic testing）檢查一定數量的接合。壓接部膨脹處的內部，也可能一體化不完全。此外，有壓接後馬上切開膨脹部位，能目視觀察續接面的熱衝鍛擠頭法（hot purching）。

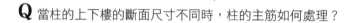

Q 當柱的上下樓的斷面尺寸不同時，柱的主筋如何處理？

▼

A 在梁高的範圍內彎折。

若彎折的部分突出梁的上方或下方，主筋的寬度變小，會降低主筋支撐的效果。

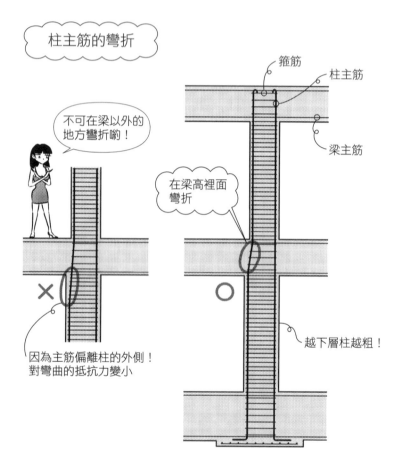

柱主筋的彎折

不可在梁以外的地方彎折喲！

在梁高裡面彎折

箍筋　柱主筋

梁主筋

越下層柱越粗！

因為主筋偏離柱的外側！
對彎曲的抵抗力變小

- 柱一旦彎曲，外側部分越易拉長。鋼筋可以用來抵抗隨著彎曲而向外延伸的拉力，如果主筋不在外側，抵抗力會變弱。
- 因為越下層負荷越重，越下層的柱越粗。柱的粗細隨樓層改變，所以不只看平面規劃，還要注意內部的鋼筋。
- 柱頭部分，在柱的四角的主筋內有彎鉤。

Q 如何讓箍筋圈住主筋？

▼

A 在主筋續接之前重疊放入箍筋（hoop），續接後往上提，或是續接後再放入箍筋，用退火鐵絲固定在所定的位置。

主筋續接後會因為太長而很難從上方套入箍筋，因此續接之前先放入十根左右的箍筋再往上提，以減少從上套入的箍筋數量。

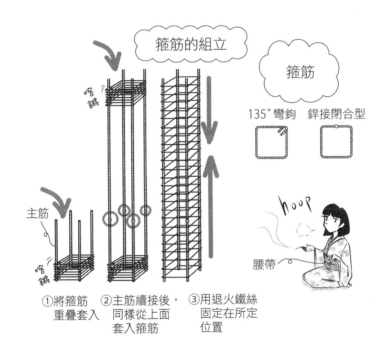

箍筋的組立

箍筋

135°彎鉤　銲接閉合型

主筋

hoop

腰帶

①將箍筋　②主筋續接後，　③用退火鐵絲
　重疊套入　　同樣從上面　　固定在所定
　　　　　　　套入箍筋　　　位置

● 為了不使135°彎鉤上下重疊，以對角位置上下相反的方式配置。
● 一般是使用彎鉤折成135°的箍筋，也有先在工廠銲接成環狀後再帶到現場使用的銲接閉合型箍筋，以及螺旋狀的螺旋箍筋等。雖然銲接閉合型箍筋和螺旋箍筋能牢牢地固定住主筋，但會增加成本。特別是螺旋箍筋是一整組從主筋上方套入，重量很重，無法一個人抬起螺旋箍筋。

Q 梁柱接頭的箍筋如何施作？

A ①穿過下部的梁主筋，②將整捆箍筋套在柱上，③穿過梁上部的主筋，接著④用門型的夾具支撐，⑤和梁鋼筋整體一起降到模板，最後⑥綁紮柱主筋。

箍筋是放入梁主筋之間，所以梁上部主筋、下部主筋和夾在中間的整捆箍筋，視為一組。穿過上部的梁主筋後，等間隔固定住箍筋，再將梁鋼筋整組降到模板的溝槽裡，最後用箍筋綁紮柱主筋。

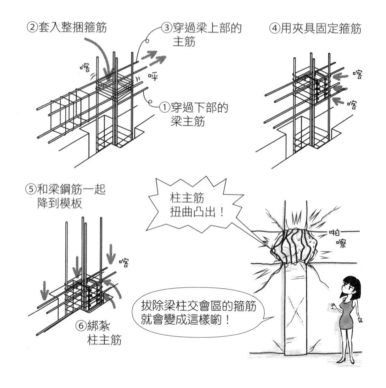

②套入整捆箍筋　③穿過梁上部的主筋　④用夾具固定箍筋

①穿過下部的梁主筋

⑤和梁鋼筋一起降到模板

柱主筋扭曲凸出！

⑥綁紮柱主筋

拔除梁柱交會區的箍筋就會變成這樣喲！

- 梁柱接頭又稱為梁柱交會區，如果這裡沒有箍筋，地震時很可能遭受損壞。因為箍筋是夾在梁主筋之間，工程略顯複雜。梁主筋固定在柱上的方法，根據柱梁的位置關係而有不同的方式（參見R193）。
- 引導箍筋位置的鋼筋，稱為夾具鋼筋。夾具是在組立時用來指定引導零件位置的器具。

Q 如何使箍筋與模板間隔一定距離以上？

▼

A 如下圖，在箍筋上裝設甜甜圈型間隔物。

澆置完混凝土後，最外側的鋼筋和模板的間隔為混凝土的**保護層厚度**。

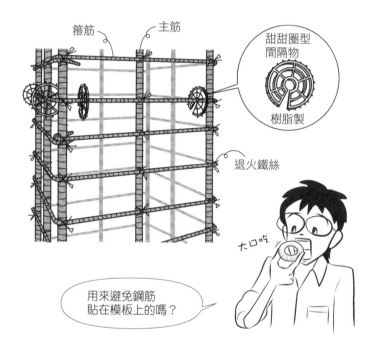

箍筋　　主筋

甜甜圈型
間隔物

樹脂製

退火鐵絲

大口吃

用來避免鋼筋
貼在模板上的嗎？

- 因為預拌混凝土是從上往下流入，所以盡可能將甜甜圈型間隔物縱向裝設，以避免影響混凝土流動。
- 箍筋、U型箍筋、壁筋常用細的D10。D10的日文發音是deto（「約會」之意的日文發音）。D10的下一個規格是D13，常用於補強筋等。

Q 如何處理螺旋箍筋的末端？

▼

A 繞一圈半以上，在末端部裝上彎鉤。

因為是繞在相同部位，所以稱為疊繞（lapping）。用疊繞和彎鉤將端部牢牢固定。

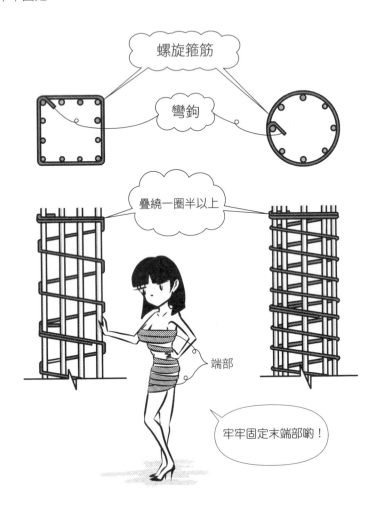

●用起重機吊起螺旋箍筋，從立起的主筋上方放入，包圍主筋外側來組立。

Q 如何續接牆的接合鋼筋？

▼

A 將鋼筋重疊後，用退火鐵絲綁紮，做成搭接。

在直立於樓板上的接合鋼筋上疊放縱筋，綁上退火鐵絲。立完縱筋後，再用退火鐵絲固定好橫筋，形成縱橫交錯的格子狀。

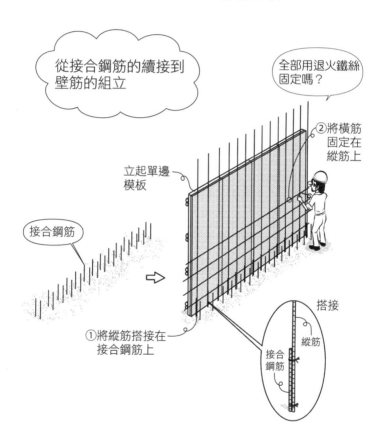

從接合鋼筋的續接到壁筋的組立

全部用退火鐵絲固定嗎？

②將橫筋固定在縱筋上

立起單邊模板

接合鋼筋

①將縱筋搭接在接合鋼筋上

搭接

縱筋

接合鋼筋

Q 牆壁為雙層配筋的情況下，組立順序為何？

▼

A 順序是模板側的縱筋→橫筋→另一側的縱筋→橫筋。

隔件會從模板穿出，所以在隔件上橫向裝上鋼筋，作為縱筋位置的標記。沿著標記立起續接用的縱筋，用橫筋固定後，裝上甜甜圈型間隔物（參見R185）。同樣地，續接立起另一側的縱筋，在上面固定橫筋，裝上甜甜圈型間隔物即完成。

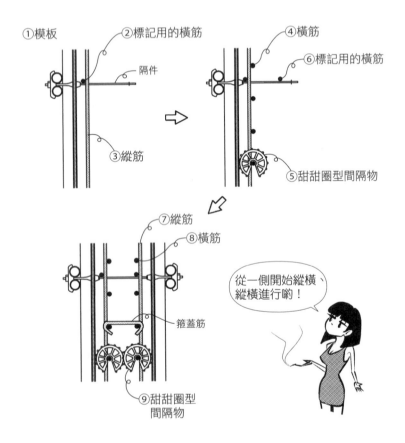

①模板　　②標記用的橫筋　　④橫筋

⑥標記用的橫筋

隔件

③縱筋

⑤甜甜圈型間隔物

⑦縱筋

⑧橫筋

箍蓋筋

從一側開始縱橫、縱橫進行喲！

⑨甜甜圈型間隔物

● 箍蓋筋是用來固定雙層配筋寬度的U型鋼筋。縱橫都以1m左右的間隔放入。

● 橫筋裝在縱筋外側，有時單側（左側）的模板是裝了橫筋後才組立。

Q 有接縫時，保護層厚度從哪裡開始量？

▼

A 從接縫底量起。

結構上有效厚度和保護層厚度，都是從接縫底開始量。接縫底到混凝土
表面的部分，稱為混凝土加鋪，一般為20mm左右。

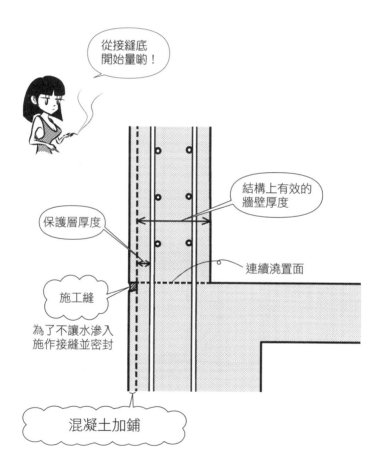

・藉由加鋪混凝土可做出接縫，使設計強度和保護層厚度施作在安全範圍內。如果
　不做施工縫並密封，混凝土連續澆置部位會有水滲入。

Q 如何補強門窗等的開口部？

▼

A 沿著開口部縱橫放入補強鋼筋，在開口的角隅處則是傾斜45度放入。

開口因為沒有混凝土和鋼筋，周圍很容易產生龜裂，所以用比壁筋稍粗一點的鋼筋來補強。角隅處傾斜放入鋼筋是因為這部分強度最弱，容易龜裂。

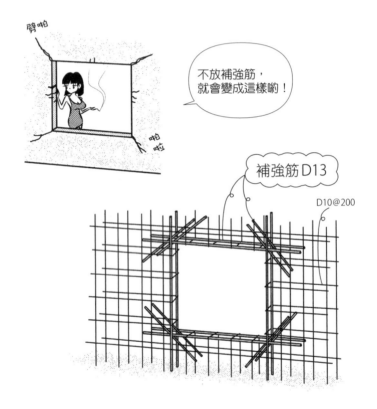

不放補強筋，就會變成這樣喲！

補強筋D13

D10@200

● 壁筋是將D10的鋼筋以間距200mm（D10@200）縱橫放入，開口補強則是分別放入兩根D13的鋼筋等。

● 為了維持保護層厚度，補強筋一般放在內側。

Q 如何把牆壁的橫筋錨定在柱上？

▼

A 延伸一定長度到柱結構體中。

將鋼筋固定在結構體上不致脫落，稱為錨定。把規定的錨定長度（伸展長度）插入柱中，如下圖所示，隨著和柱的位置關係不同，將橫筋貫穿柱，或是插入一定長度。如果未確實錨定，柱和牆無法一體化。

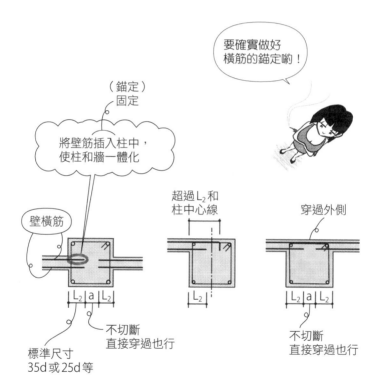

● 根據JASS 5的規定，搭接長度（L_1）、錨定長度（L_2、L_3）是鋼筋直徑的35倍、20倍等。隨著鋼筋種類、混凝土強度、一般部位或小梁又或是樓板的下端鋼筋、有無彎鉤等因素，長度隨之改變。L_1～L_3為JASS 5表中的記號。

Q 如何組立梁的鋼筋？

▼

A 在模板上組立後，降入模板中。

用稱為**鬍子筋**（hairpin reinforcement）的角材或鋼筋等橫跨模板的溝槽上方，在上面組立梁的鋼筋。組立完成後，拉開鬍子筋使其降入溝中。梁的鋼筋分為軸方向的主筋和垂直方向繞上的**U型箍筋**（肋筋）。

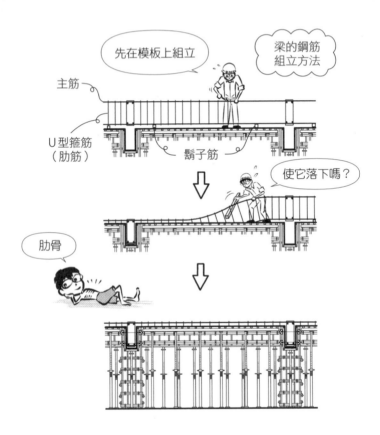

● 鬍子筋的日文為「簪」。因為如同橫向插入頭髮中的髮簪，所以垂直插入構材的短構材，稱為簪。

Q 如何把梁主筋錨定在柱上？
▼
A 插入貫穿柱，或是超過柱的中心線後彎折，在柱中埋入一定長度。

梁的軸方向粗鋼筋稱為主筋，如果梁主筋從柱脫落會造成慘劇。錨定是指牢牢地定好或固定，在柱梁的部位特別重要。

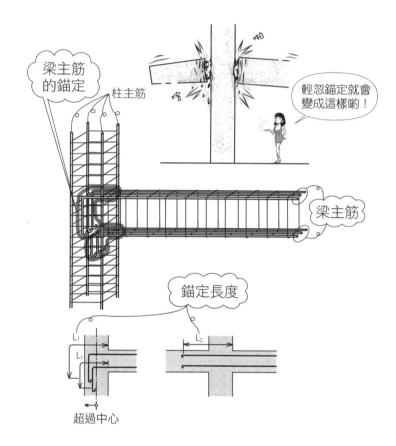

● 在JASS 5的規定中，明定錨定長度L₂若有彎鉤的話是25d，無彎鉤則是35d（d為鋼筋直徑）等。彎鉤是鋼筋端部像鉤的部位，有彎鉤會比錨定在混凝土中更牢固，且不易脫落。彎鉤的長度不包含在錨定長度裡。

Q 梁主筋的續接要做在哪裡？
▼
A 做在壓力作用的位置。

 被彎曲時，突出側受拉力，凹陷側受壓力。雖然鋼筋是用來抵抗拉力而放入的，但續接處承受拉力容易錯位，所以續接在壓力作用處較安全。

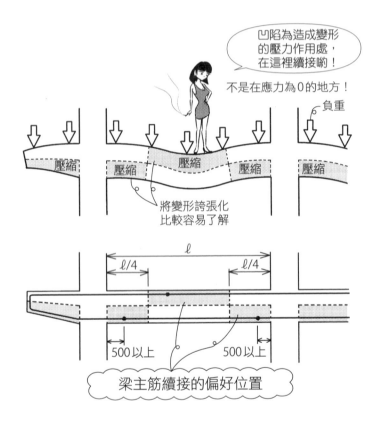

凹陷為造成變形的壓力作用處，在這裡續接喲！

不是在應力為0的地方！

負重

壓縮　　壓縮　　壓縮　　壓縮　　壓縮

將變形誇張化比較容易了解

ℓ

$\ell/4$　　　　$\ell/4$

500以上　　　500以上

梁主筋續接的偏好位置

- 從柱側算起梁全長 1/4 處的下邊，以及此處往內側的上部位置，都是被壓縮的部位，在此處續接。樓板鋼筋的續接也一樣。不是在應力為0的地方續接，而是在壓力作用處，所以要注意。
- 鋼筋的續接，除了瓦斯壓接、搭接之外，也有將鋼筋套入套筒後，擠壓套筒續接的縮套接頭（grip joint）；或是在鋼筋上裝設螺紋狀接頭，再用陽螺紋續接的螺紋續接。以上即所謂的續接器。
- 梁和柱的不同在於外側的端部（外端部）、內側的端部（內端部）及中央部的配筋不一樣，所以看結構圖的梁斷面表時需多加注意。

Q 如何把∪型箍筋捆在梁主筋的周圍？

▼

A 將閉鎖型∪型箍筋重疊套入主筋，再左右錯開配置。放入∪型箍筋後，用繫筋固定。

柱的箍筋也是同樣的作法，從主筋的一側重疊套入閉鎖型∪型箍筋後，左右錯開配置。∪型箍筋和繫筋是一對一地成對。

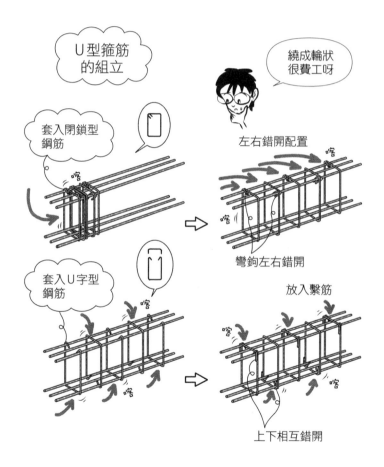

∪型箍筋的組立

繞成輪狀很費工呀

套入閉鎖型鋼筋

左右錯開配置

彎鉤左右錯開

套入∪字型鋼筋

放入繫筋

上下相互錯開

- 閉鎖型鋼筋的彎鉤要左右相互錯開，∪字型鋼筋則是繫筋要上下相互錯開。
- 繫筋（cap-tie）原意是用來鎖固（tie）的蓋子（cap）。

Q 如何使梁的鋼筋與模板間隔一定距離以上？

A 在底面放入支撐梁底主筋的鋼筋支架（bar support），側面用甜甜圈型
　　間隔物等來確保保護層厚度。

在底面將**梁底主筋支架**綁紮在U型箍筋上，再將其降入模板中。側面的
作法與柱的箍筋相同，把甜甜圈型間隔物裝在U型箍筋上。

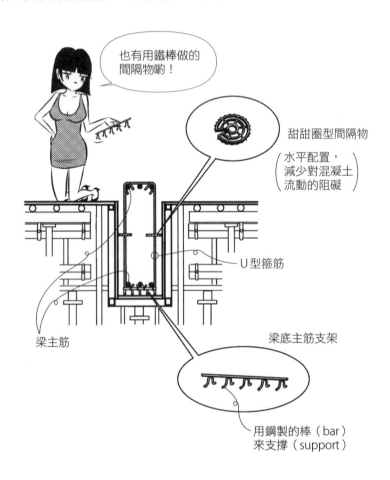

也有用鐵棒做的
間隔物喲！

甜甜圈型間隔物

（水平配置，
減少對混凝土
流動的阻礙）

U型箍筋

梁主筋

梁底主筋支架

用鋼製的棒（bar）
來支撐（support）

●將棒狀的鋼彎曲做成的鋼製間隔物，稱為棒型間隔物、鋼筋支架等。確保保護層
　厚度用的間隔物，有樹脂製、鋼製和陶瓷製等各種製品。

Q 如何把樓板鋼筋錨定在梁上？

▼

A 將上端筋穿過梁中心軸後彎折錨定或延伸錨定，下端筋則是延伸錨定。

樓板的鋼筋是組成上下兩層網格狀的形狀。上下的鋼筋都需牢牢固定在梁上。若是和梁兩側的鋼筋相同，用延伸錨定；若是兩者鋼筋不同，用彎折錨定。

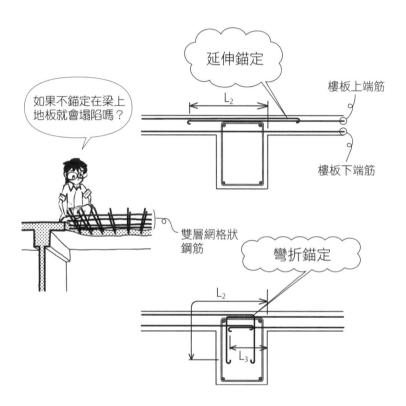

● 相較於長邊方向的鋼筋，短邊方向的鋼筋承受較大的拉力，所以短邊方向的鋼筋為主筋，長邊方向則是配力筋，又稱為副筋。柱梁的軸方向主筋，除了方向不同，並沒有太大差異，所以都稱為主筋。兩個方向和上下層都是間隔200mm左右來配置D13或D10（D13@200、D10@200）。

Q 樓板上端筋直接架在梁主筋上嗎？

▼

A 考量保護層厚度，並非直接架上，而是用間隔物等抬高。

 U型箍筋的保護層厚度為40mm，樓板鋼筋的保護層厚度是30mm，如果把樓板鋼筋置於梁主筋上面，會有10mm的差距。若是綁紮在一起，梁上只有樓板上端筋部位下凹。為了調整高度，在梁上橫放間隔物，或是鋪上**流筋**抬高上端筋，不會和梁主筋綁紮在一起。

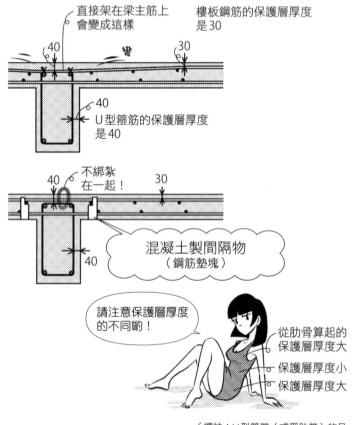

直接架在梁主筋上會變成這樣

樓板鋼筋的保護層厚度是30

彎

40　　　30

40
U型箍筋的保護層厚度是40

不綁紮在一起！
40　　　30

混凝土製間隔物（鋼筋墊塊）

40

請注意保護層厚度的不同喲！

從肋骨算起的保護層厚度大
保護層厚度小
保護層厚度大

〔譯註：U型箍筋（或稱肋筋）的日文為「あばら筋」，肋骨的日文為「あばら」，取其同名的玩笑語〕

Q 樓板鋼筋的組立順序為何？

▼

A 順序是下端筋的主筋（短邊）→配力筋（長邊）→上端筋的配力筋（長邊）→主筋（短邊）。

短邊方向的主筋在外側（上下端），所以最先及最後配筋。

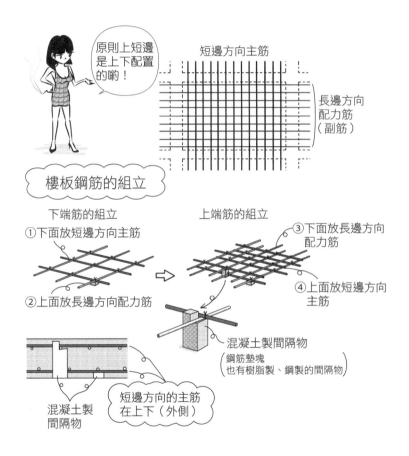

原則上短邊是上下配置的喲！

短邊方向主筋

長邊方向配力筋（副筋）

樓板鋼筋的組立

下端筋的組立

①下面放短邊方向主筋

②上面放長邊方向配力筋

上端筋的組立

③下面放長邊方向配力筋

④上面放短邊方向主筋

混凝土製間隔物
（鋼筋墊塊
也有樹脂製、鋼製的間隔物）

混凝土製間隔物

短邊方向的主筋在上下（外側）

- 在襯板上用粉筆做記號，放置高度不同的混凝土製間隔物（鋼筋墊塊）等，並排鋼筋。
- 當樓板彎曲時，上下端最先被拉長，且上下端鋼筋最先被拉伸。因此，梁和樓板都是將重要的鋼筋（主筋）放在上下端。如果是平面或在梁主筋的收尾，有時是短邊方向主筋在內側。

Q 樓梯的主筋在哪裡？

▼

A 懸臂樓梯是各階的主筋錨定在牆壁裡，斜面樓梯則是主筋置入樓梯下方的斜面樓板裡，用來錨定上下的支撐梁和斜面。

🔲 樓梯的支撐方法依主筋的放入方式而異。從牆中伸出懸臂的樓梯，在凸緣中水平放入粗鋼筋，於牆壁中彎折錨定。梯級下方放入補助筋，同樣在牆壁中彎折錨定。若是用上下梁和樓板來支撐的斜面樓梯，粗鋼筋是放入斜面的樓板內。

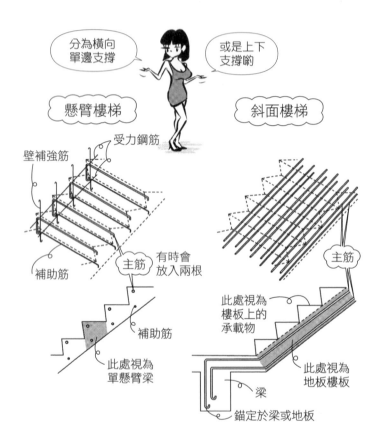

● 鋼筋較麻煩的部分在梁柱接頭（參見R184）和樓梯部分。樓梯大致分為懸臂式和斜面式，先記住依支撐方法不同的主筋放入方式。

Q 馬齒筋是什麼？

▼

A 配合樓梯梯級而鋸齒狀彎曲的鋼筋。

■ 不管是懸臂樓梯或斜面樓梯，都會繞著水平的鋼筋來回彎折，形成馬齒筋來做鋸齒狀配筋。

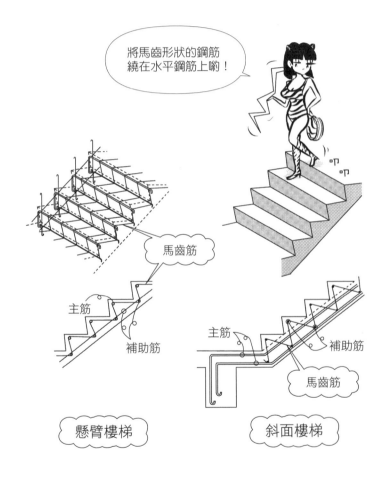

> 將馬齒形狀的鋼筋繞在水平鋼筋上喲！

馬齒筋

主筋

補助筋

懸臂樓梯

主筋

補助筋

馬齒筋

斜面樓梯

● 先施作樓梯下側的模板，完成樓梯的配筋，再施作蓋住樓梯上側的模板。如果沒有壓住梯級上方的模板，從上方澆置混凝土時會漫出來。

Q 配筋檢查是什麼？

▼

A 確認鋼筋的配置是否和配筋圖一致的檢查。

除了鋼筋的直徑（尺寸）和根數，也要查核間距、相互的空隙、保護層厚度、續接長度、錨定長度。此外，還要確認間隔物的數量和配置，以及用鐵絲綁紮的程度等。

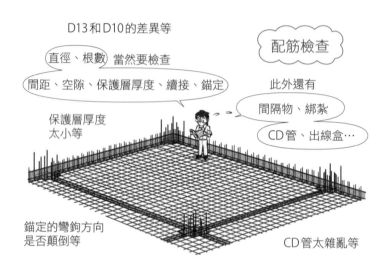

D13和D10的差異等

直徑、根數 當然要檢查

間距、空隙、保護層厚度、續接、錨定

配筋檢查

此外還有

間隔物、綁紮

CD管、出線盒…

保護層厚度
太小等

錨定的彎鉤方向
是否顛倒等

CD管太雜亂等

- 在筆者的經驗中，很多情況是保護層厚度不夠。還有錨定在基礎梁上的基礎底板鋼筋，L型朝下彎曲，應該要朝上才對，結果得一整排全部重新組立。一旦澆置預拌混凝土就來不及了，所以澆置前的鋼筋和模板檢查非常重要。
- 除了鋼筋，還有模板內的CD管和出線盒等諸多問題。例如CD管混雜在一起，或是太接近混凝土表面而導致混凝土龜裂。

Q 如何保管鋼筋和模板用合板？

▼

A 平放在支承材上，再鋪上帆布，避免沾到雨水、土壤灰塵或油汙等，也防止陽光直曬。

■ 鋼筋根據尺寸、長度來分類整理，平放在**支承材**上。作為襯板的合板也平放在支承材上。

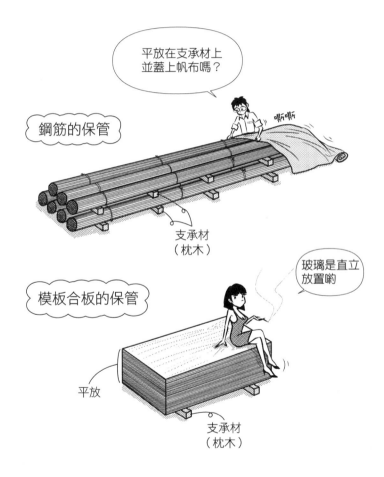

鋼筋的保管

平放在支承材上並蓋上帆布嗎？

嘶嘶

支承材
（枕木）

模板合板的保管

玻璃是直立放置喲

平放

支承材
（枕木）

● 如果陽光直射到合板，木材中的糖分或單寧會浮出表面，導致混凝土硬化不良。
● 因為玻璃很重，如果平放可能造成下層玻璃破裂，所以直立放置保管。玻璃之間不留空隙，直立放在緩衝材上。直立的板子也墊上緩衝材。

Q 如何保管水泥袋？

▼

A 為了防止濕氣，保管在沒有窗戶且氣密性高的倉庫裡，放在距離地面30cm以上的地方，疊放數量為十袋以下。

🔲 水泥的粉末吸到濕氣會凝固成小塊，嚴重還會結成大塊狀。此外，水泥粉末吸收空氣中的二氧化碳會風化，所以避免通風，且不能施加壓力。

不能讓濕氣
滲入

也不能通風

水泥的保管

請把門關緊

沒有窗戶更好

30cm以上

不要施加壓力，
所以不堆超過十袋

用來鋪磁磚或石頭，
或鋪平（粉刷）混凝土等所用的水泥

- 以前筆者自己改裝購買的中古獨棟建築時，做混凝土所剩下的水泥只用袋子簡單封住，放在不會被雨淋到的地方。結果沒多久就結塊。所以請記住，水泥要避免濕氣！
- 水泥和水反應而硬化是水化作用，這種性質稱為水硬性。水化作用會產生熱。
- 水泥具有強鹼性，所以和空氣中的二氧化碳反應後會中性化。

Q 波特蘭水泥是什麼？

▼

A 最常使用的水泥。

凝固後的水泥質感，與英國波特蘭島（Isle of Portland）所產的石灰石相
似，所以稱為波特蘭水泥（Portland cement）。粉碎黏土、石灰石煅燒
後，再加上石膏做成的。

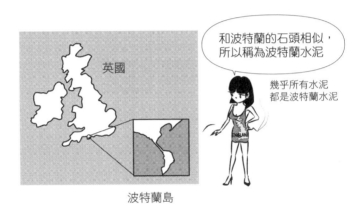

14

混凝土工程

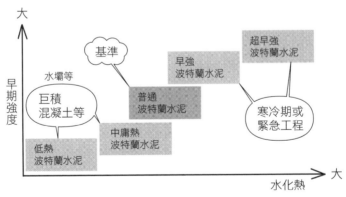

●除了普通波特蘭水泥，還有超早強波特蘭水泥、早強波特蘭水泥、中庸熱（平
熱，中度水化熱）波特蘭水泥、低熱波特蘭水泥，以及抗硫酸鹽波特蘭水泥等。

Q 混合水泥是什麼？

▼

A 加入混合材料的高爐水泥（blast-furnace slag cement，亦稱鼓風爐渣水泥）、飛灰水泥（fly ash cement）等。

混合煉鋼廠高爐產生的爐渣（slag，鐵渣）粉碎物的**高爐水泥**，以及混入火力發電廠鍋爐所產生的煤灰（fly ash，飛灰）的**飛灰水泥**等，都有效利用產業廢棄物。

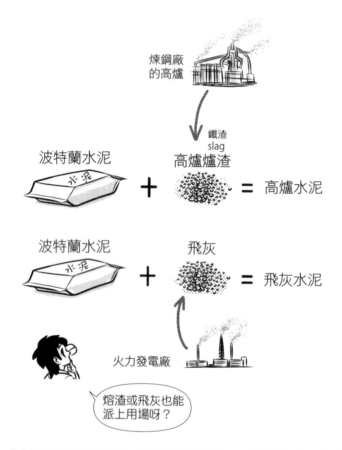

● 藉由摻入混合材料的微粒，能夠減少水泥用量，並降低水化熱，減少乾縮反應；此外，可降低鹼性，抑制鹼骨材反應。混合材料的用量是A種<B種<C種。〔譯註：日本工業標準JIS規定，不同的水泥依混合材料的含量百分比，分成A、B、C三種。高爐水泥的爐渣含量分為30%以下(A)、30%～60%(B)和60%～70%(C)三種。飛灰水泥的飛灰含量也分為10%(A)、10%～20%(B)、20%～30%(C)三種〕

Q 混凝土中的水泥容積比是多少？

▼

A 約10%。

水泥約10%，水約16%，空氣約4%～5%，總計容積約30%。水泥＋水＋空氣稱為水泥漿體（cement paste），也稱為**泥漿**。混凝土是將砂和礫石混入作為接著劑的水泥漿體，硬固為一體的人造石。約7成是砂和礫石，3成是作為接著劑的水泥漿體。

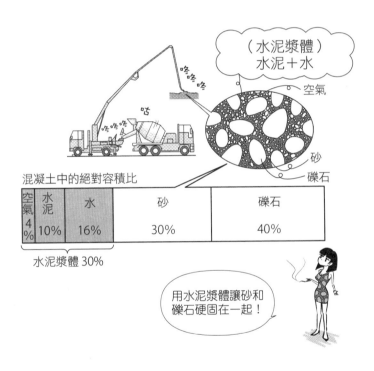

混凝土中的絕對容積比

空氣 4%	水泥 10%	水 16%	砂 30%	礫石 40%

水泥漿體30%

用水泥漿體讓砂和礫石硬固在一起！

● 絕對容積是除了物體以外，不包括其他間隙的容積或體積。
● paste為漿體，水泥漿體是水泥的膠體。用水泥漿體把砂和礫石硬固在一起就是混凝土。用瀝青結合的是瀝青混凝土，常用於道路或停車場。

Q 砂（細骨材）、礫石（粗骨材）的容積比是多少？

▼

A 約30%、約40%。

作為混凝土的骨的材料稱為骨材（aggregate）。砂為細骨材，礫石為粗骨材。以5mm為界線作區別。

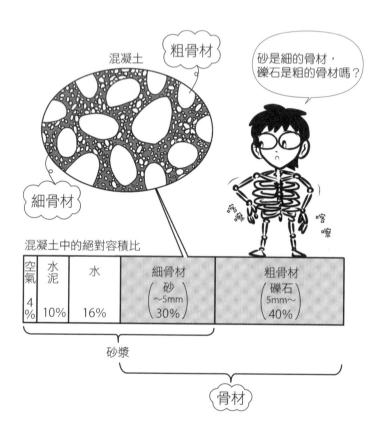

- 粗骨材（礫石）是小指指尖大小的小石子。如果不放礫石只放砂，混凝土的體積會不夠。
- 在水泥漿體裡加入砂，稱為砂漿。因為具有接著力、強度和防水性，可以用在各種地方。

Q 細骨材和粗骨材的差別是什麼？

A 能通過5mm篩網（孔隙）的是細骨材，殘留的是粗骨材。

 精確地説，85%以上能通過5mm篩網的是細骨材，85%以上殘留的是粗骨材。

• 大致而言，5mm以下為細骨材、砂，5mm以上是粗骨材、礫石。如果混凝土中粗骨材較多，因為礫石不易破損而具耐久性，所以品質較好。但在建築工程中，模板裡有許多鋼筋、隔件、CD管和接線盒等，如果礫石太大會難以流過，最糟的情況是塞住而無法流動。因此，根據澆置部位有規定粗骨材的最大粒徑。

Q 細骨材率是什麼？

▼

A 細骨材占整體骨材的百分比，用絕對容積比來表示。

細骨材占整體骨材（細骨材＋粗骨材）的百分之多少，便是細骨材率。
細骨材率和空氣量（空氣的容積/混凝土的容積）都為容積比。

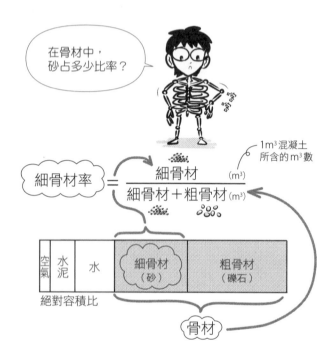

- 絕對容積是除了物體以外，不包括其他間隙。例如，砂與砂之間的空隙，礫石與礫石之間的孔隙，都不包含在絕對容積裡。礫石本身內部的空隙則包含在絕對容積裡。
- 如果減少水或含有許多空隙的砂漿（水＋水泥＋細骨材），增加空隙少的粗骨材，也就是降低細骨材率，混凝土的密度會變高，增加耐久性。
- 混凝土的配比是用質量來計算，所以用容積比算出的各種骨材的容積，需用密度（質量/容積）換算回質量。

Q 普通混凝土和輕質混凝土有什麼不同？

▼

A 粗骨材（礫石）不同。

普通混凝土用在一般的結構體，輕質混凝土用在防水的壓層或鋼骨造的樓板等，為較輕量的混凝土。輕質混凝土的礫石較小又輕，內部含有很多空隙。普通混凝土和輕質混凝土是依骨材來分類。

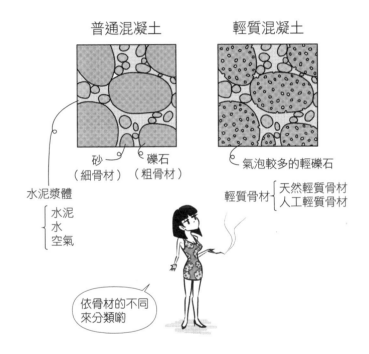

普通混凝土　　　　　輕質混凝土

砂　　礫石
（細骨材）（粗骨材）

水泥漿體
水泥
水
空氣

氣泡較多的輕礫石

輕質骨材 { 天然輕質骨材
人工輕質骨材

依骨材的不同來分類喲

- 輕質骨材分為天然輕質骨材和人工輕質骨材，後者較常用。人工輕質骨材是將岩石細碎後人工煅燒發泡，使內部產生許多空隙的骨材。因為含有空氣孔隙，除了輕之外，還有隔熱性佳的優點。JIS有規定粗骨材的最大粒徑、坍度和強度等。輕質混凝土也可使用於結構材料，但須達到該處規定的強度。
- 一般的骨材（砂、礫石）也分為天然和人工，人工骨材是將岩石粉碎後做成的碎砂、碎石。
- 混凝土中產生許多氣泡的輕質氣泡混凝土所做成的外裝修板等，稱為ALC板（autoclaved lightweight concrete panel，高壓蒸汽養護輕質氣泡混凝土板），與輕質混凝土不同。

Q 配比是以容積計算,還是以質量計算?

▼

A 以質量計算。

決定水、水泥、砂、礫石的比率,稱為配比。要計算除去砂與砂之間、礫石與礫石之間空隙的絕對容積很困難,所以用質量來配比。

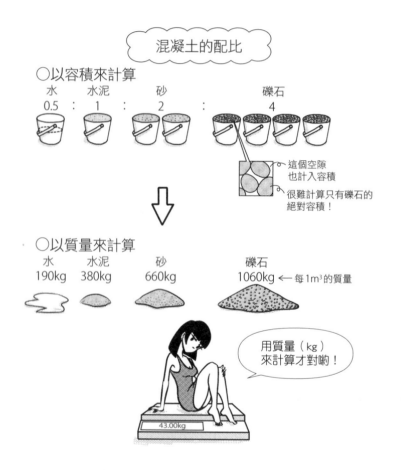

混凝土的配比

○以容積來計算

水	水泥	砂	礫石
0.5	: 1	: 2	: 4

這個空隙也計入容積

很難計算只有礫石的絕對容積!

○以質量來計算

水	水泥	砂	礫石
190kg	380kg	660kg	1060kg ← 每1m³的質量

用質量(kg)來計算才對唷!

43.00kg

- 水:水泥:砂:礫石=桶子0.5個:1個:2個:4個,概略計算混合也能凝固。首先將砂和水泥用鏟子混合後,邊觀察混合狀況邊加入水和礫石。如果用在土間混凝土是OK的,但用於結構體需要正確的配比。筆者也做過用鏟子混合混凝土的作業,非常耗費體力。
- 在日文中,決定混凝土比率於建築領域稱為「調合」,於土木領域稱為「配合」。

Q 預拌混凝土是什麼？

A 在預拌混凝土工廠配比後，用混凝土拌合車運送的尚未凝固的混凝土。

也稱為**新拌混凝土**（fresh concrete），預先（ready）拌合（mixed）的混凝土，或是剛拌完（fresh）的混凝土。

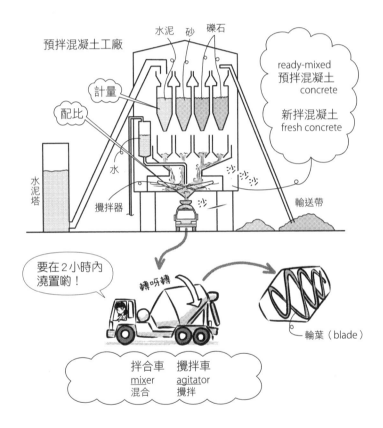

- 為了不讓預拌混凝土在到達現場之前就凝固，混凝土拌合車邊混合（mix）邊運送。混凝土拌合車又稱為混凝土攪拌車（agitator truck）。agitate 是攪拌的意思。從配比到澆置，根據氣溫的不同，需在1.5～2小時內使用預拌混凝土，所以預拌混凝土工廠隨處可見。
- 預拌混凝土工廠又稱為混凝土工廠、配料廠（batcher plant）等。batch 是匯總成批之意。

Q 單位水量、單位水泥量是什麼？

▼

A 1m³混凝土中，水的kg數和水泥的kg數。

指 1m³混凝土中有多少質量的水和水泥的數值。單位水量／單位水泥量
＝水灰比。

以1m³為1單位的混凝土中含有多少水喲

料斗

滾筒

咚 咚 咚

1m³

水170kg → 單位水量
170kg/m³

1m³混凝土為1單位

寫槽

水泥 290kg → 單位水泥量
290kg/m³

1m³為單位

● JASS 5規定單位水量在185kg/m³以下，單位水泥量在270kg/m³以上。
● 若設定水灰比為57%、單位水量為170kg/m³，則單位水泥量×是 170/x＝0.57，而
求出x＝170/0.57＝298kg/m³。

$\mathbf{Q}$ 水灰比是什麼？

▼

$\mathbf{A}$ 以水（kg）/水泥（kg）表示的水和水泥的比。

 水是W（water），水泥是C（cement），所以水灰比也記為W/C。水泥100kg混有水50kg時，水灰比為50%。

- JASS 5規定普通混凝土的水灰比在65%以下，輕質混凝土的水灰比在55%以下。
- 預拌混凝土含水量越多，越易流動和水平澆置，便於施工。然而，在預拌混凝土中加水是嚴格禁止的，施工現場必須確實管理。
- 水灰比越小，混凝土越緻密，二氧化碳較難滲入，混凝土碳酸化反應較慢。

Q 水灰比變大時
　1.強度（變大、變小）？
　2.乾縮（變大、變小）？
　　　▼
A 1.變小。
　2.變大。

水灰比為強度指標，水灰比越大則強度越小，而乾縮會越大，越容易發生龜裂。

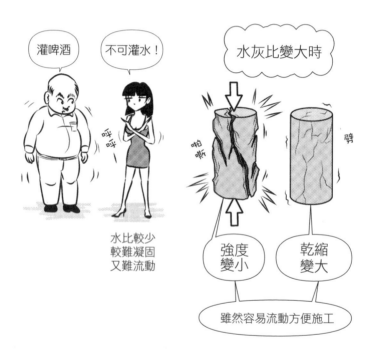

灌啤酒

不可灌水！

水灰比變大時

呼呼

啪嘰

劈

水比較少
較難凝固
又難流動

強度
變小

乾縮
變大

雖然容易流動方便施工

● 水少時預拌混凝土難流動，施工性變差。雖然「水少比較好」，但也要考量水泥能確實硬化和能夠施工的範圍。

Q 水灰比（W/C）的倒數，也就是灰水比（C/W），與強度的關係是什麼？

▼

A 如下圖，為往右上的直線關係。

如果固定水量而水泥越多，混凝土的抗壓強度隨之增加。先求出抗壓強度，再用直線公式求出灰水比（C/W），倒數就是水灰比（W/C）。決定強度，自然就能決定水灰比。

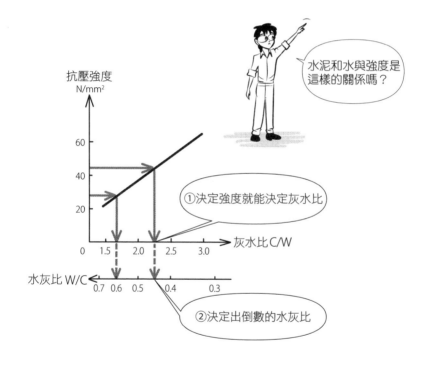

- 灰水比與強度呈直線圖，但水灰比與強度並非直線關係。請注意水灰比的刻度非等間距。
- 一旦決定混凝土的抗壓強度，也能推算出抗拉強度和抗彎強度。
- 雖然水泥越多強度越高，但水化熱也會增加，容易產生龜裂和鹼骨材反應，並伴隨著單價變高等缺點。從抗壓強度求得水灰比，再考慮耐久性以進行配比。

Q 預拌混凝土需要幾天的時間達到所定的強度？

A 二十八天（四週）左右。

材料齡期二十八天或四週的強度，力求達到「設計基準強度＋安全考量的增加值」。氣溫越高，越快達到強度。

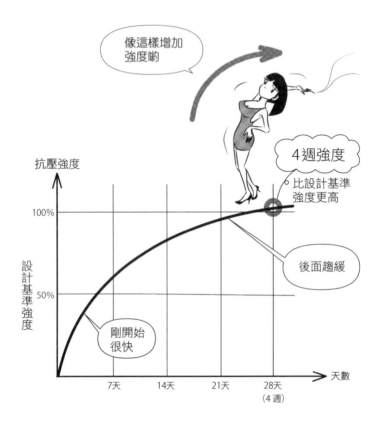

- 混凝土表面的水因蒸發或結凍而減少，會導致水化反應所需的水分不足，強度變小。因此，要在表面灑水，並蓋上塑膠布做濕治養護（moist curing）。
- 養護是指保護、保養。澆置混凝土後，需要調節溫度和濕度等來保護硬化。塗裝後的養護，是指為了不讓塗裝面以外的範圍沾到塗料，用膠帶等保護。裝修材料的養護，是不讓裝修材料在施工過程中損傷，用塑膠或紙等蓋上或包裹來保護。

Q 如何達到配比強度？

▼

A 如下圖，根據結構設計所需強度和耐久設計所需強度，取較大值後，再加上補正值和增加值。

比較用來計算結構的**設計基準強度**和得自耐久性的**耐久設計基準強度**，採用較大值。接著考慮安全再加上補正值，再考慮強度不均而加上增加值，最終得出配比強度。

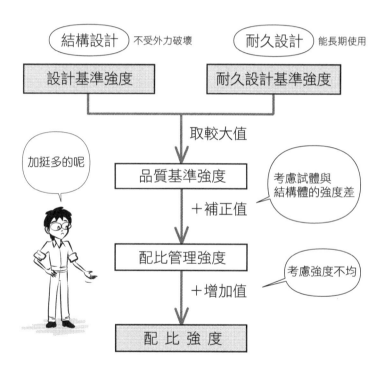

- 結構體強度是建物實體的混凝土強度。從建物鑽心採樣來測試是最佳的，但一般是使用和建物同等條件養護後的試體來測試得強度。

Q 如何測定混凝土的抗壓強度？

▼

A 製作圓柱體的試體，壓縮至破壞後，測量強度。

試體為高度是直徑兩倍的圓柱體（φ100×200mm、φ125×250mm、φ150×300mm等）。試驗時施力到試體的斷面破裂，以求出抗壓強度。

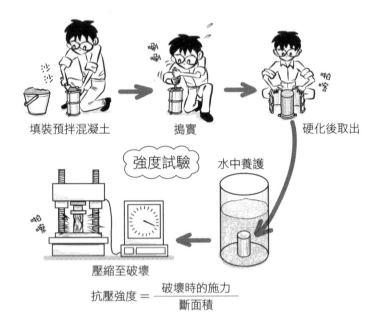

填裝預拌混凝土　　　搗實　　　　硬化後取出

強度試驗　　水中養護

壓縮至破壞

$$抗壓強度 = \frac{破壞時的施力}{斷面積}$$

- 試體是試驗時使用的物體。如果求得抗壓強度，也能推算出大概的抗拉強度和抗彎強度。試驗以加壓破壞為主，有時用史密特錘（Schmidt hammer）、超音波或X射線等非破壞性試驗。
- 養護分為工廠的標準養護（放在工廠的水槽裡）、現場水中養護（放在現場的鋼桶裡）、現場密封養護（放在現場沒裝水的鋼桶裡）。
- JIS和JASS規定，依照每個澆置施工區域、每個澆置日期、每150m³、每台混凝土拌合車，分別做出一週強度試驗用、四週強度試驗用和模板脫模強度試驗用的試體三個，在十六個小時以上三天內脫模後養護，於訂定的天數後進行抗壓試驗，取得結果的平均值。預拌混凝土工廠的現場檢查，以及工程業者的綜合營造商所進行的結構體混凝土抗壓強度試驗，兩者內容略有差異。

Q 水分較多又軟的預拌混凝土，礫石容易分離還是不容易分離？

▼

A 容易分離向下沉澱。

與具有黏度又硬的預拌混凝土相較，鬆軟的預拌混凝土中的礫石，容易因重力向下沉澱。水泥和水進行水化反應，會使流動性降低，礫石較不容易分離。

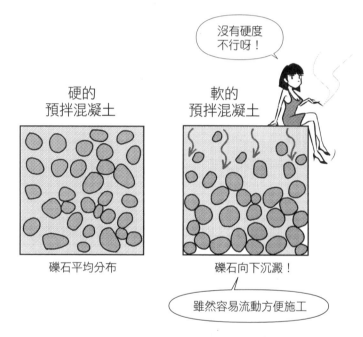

沒有硬度
不行呀！

硬的
預拌混凝土

軟的
預拌混凝土

礫石平均分布

礫石向下沉澱！

雖然容易流動方便施工

Q 水分越少預拌混凝土越難流動，這時該怎麼辦？

▼

A 加入AE劑（輸氣劑、加氣劑）、減水劑或AE減水劑等混合劑，提高流動性。

AE劑是產生氣泡、減水劑是界面活性劑、AE減水劑藉由產生氣泡和負離子，來提高預拌混凝土的流動性。

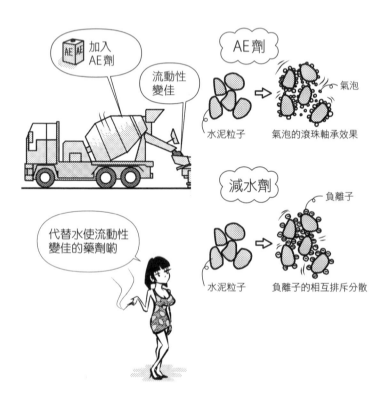

- AE是air entraining的縮寫，原指用空氣（air）乘載搬運（entrain）。混凝土的水分過多時，強度和耐久性都會發生問題，但減少水分卻難流動。此時登場的是混合劑。混合「劑」很微量，所以計算配比容積時可以忽略，但不能忽略飛灰（煤的燃燼用以增加強度）等混合「材」。這是藥劑和材料的不同之處。
- JASS 5規定，使用AE劑或AE減水劑時，空氣量需在4%以上5%以下。氣泡作為緩衝，也能減少結凍和融解所造成的影響。

Q 坍度是什麼？

A 在高度 30cm 的坍度錐（slump cone）裡倒入預拌混凝土，將錐拿起時，30cm 的預拌混凝土向下塌陷幾公分的值。

將預拌混凝土倒入坍度錐後，用搗棒充分攪拌，再垂直提起坍度錐。如果預拌混凝土橫向變寬，越軟則錐體高度越低，坍度值越大。

- cone 是圓錐形，坍度錐的規定尺寸為高 30cm、底面直徑 20cm、上面直徑 10cm。JIS A 1101 規定預拌混凝土要幾乎三等分地分別填入，並用搗棒搗攪二十五次等。JASS 5 的規定是強度為 33N/mm² 時，高度 18cm 以下。
- 坍流度（slump flow）是提起錐時，預拌混凝土的最大直徑。其值應為坍度值的 1.5～1.8 倍。

Q 坍度越大，預拌混凝土越容易流動還是越不容易流動？

▼

A 越容易流動。

坍度是表示預拌混凝土的軟度和容易流動程度的指標。提起坍度錐時，塌陷較多的預拌混凝土不是水分很多，就是含有 AE 劑等，所以鬆軟又易流動。

● 為了使預拌混凝土流到模板的各個角落，坍度大較方便施工。但這表示含水量多，強度和耐久性不佳。容易流動而方便施工的性質，表示施工性較佳。在能進行施工且不影響施工性的範圍內，盡可能減少水分降低坍度。

Q 除了強度和坍度，還有哪些預拌混凝土試驗？

▼

A 溫度、空氣量、氯化物含量等。

除了強度和坍度試驗之外，還有用不同儀器測量溫度、空氣量和氯化物含量等。文書資料可在預拌混凝土公司的交貨單（出貨傳票）中確認。

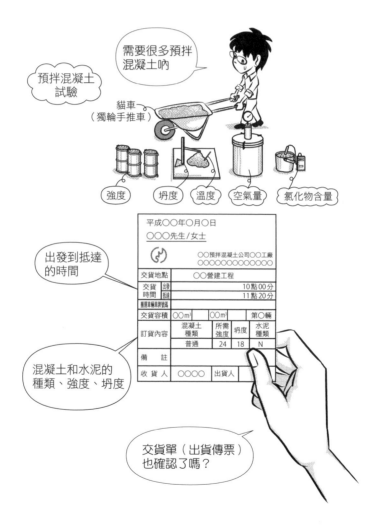

• 每一輛混凝土拌合車都要確認交貨單。

Q 如何處理連續澆置面的水泥浮漿或灰塵？

▼

A 用鋼絲刷、研磨機等器具除去灰塵，再高壓清洗等。

預拌混凝土凝固時，會產生部分的水浮出表面的現象，稱為泌水（bleeding）。隨著水浮出，伴隨著細微的不純物，像火鍋料理湯渣一樣的東西，稱為**水泥浮漿**。如果放著水泥浮漿不管，直接澆置混凝土，連續澆置部位的混凝土會產生缺陷，無法和上部的混凝土一體化。因此，組立模板之前，先用鋼絲刷或研磨機除去水泥浮漿，清洗乾淨。

• 削除樁頭使鋼筋露出的樁頭處理（參見R077），是為了除去含有水泥浮漿（參見R076）的混凝土。打入泥中的長樁，也會產生許多水泥浮漿。

Q 澆置混凝土之前在模板灑水濕潤的目的是什麼？

A 如果在乾燥的模板或混凝土面澆置混凝土，表面的水分會被吸收，導致混凝土硬化不佳。

水泥是靠水化反應來硬化。如果摻入多餘的水，會使混凝土的強度和耐久性降低，所以只加入水化反應需要的水，盡可能降低水灰比。然而，預拌混凝土表面的水分被吸收掉，容易乾燥而水分不足。因為水分不足而不硬化的現象，稱為**乾裂**（dryout）。因此，澆置混凝土前要灑水，保持濕潤。

濕潤到不會從預拌混凝土吸水嗎？

灑水濕潤

澆置混凝土之前先濕潤模板或下面的混凝土

灑灑

● 需要使用砂漿來固定磚、磁磚或混凝土磚時，必須灑水濕潤磚和混凝土磚的表面。這是因為磚和混凝土磚會吸水，這樣可以防止砂漿硬化不佳。筆者以前砌磚時，也有忘記第一步的灑水濕潤，結果砂漿沒有硬化的經驗。

Q 壓送預拌混凝土之前先壓送砂漿的目的是什麼？

▼

A 為了使壓送管內面變滑，讓預拌混凝土更順暢地流動。

■ 輸送預拌混凝土之前，先壓送沒有混入礫石的砂漿。將這些砂漿平均分散澆置在模板內。

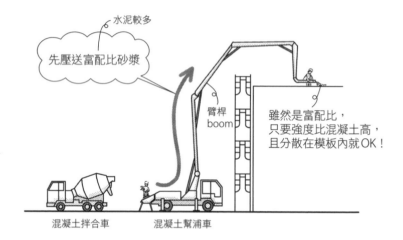

水泥較多

先壓送富配比砂漿

臂桿
boom

雖然是富配比，
只要強度比混凝土高，
且分散在模板內就OK！

混凝土拌合車　　　混凝土幫浦車

這樣呀！
先壓送砂漿啊

為了潤滑喲

●先壓送的砂漿比使用的預拌混凝土強度更高，是水泥含量較多的富配比砂漿。有時是流過壓送管後廢棄。富配比是指水泥比率較多的配比。

Q 環澆是什麼？

▼

A 邊環繞壓送管，邊緩緩地從下層澆置預拌混凝土的方法。

■ 雖然能使施加在模板的側壓變小，卻須頻繁移動滾筒，需要較多人員配置替換。

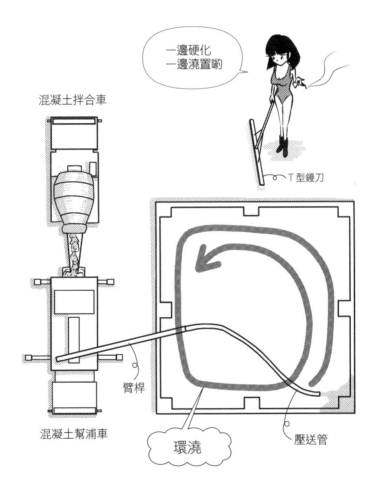

一邊硬化
一邊澆置喲

混凝土拌合車

T型鏝刀

臂桿

混凝土幫浦車

環澆

壓送管

● 從端部一口氣澆置到樓板上，再橫向鋪平，稱為「單向澆置」。由下往上一口氣澆置，作業效率很高，但也容易因分離或沉澱產生龜裂。此外，若在預拌混凝土凝固前繼續往上澆置，施加在模板的測壓會越來越大，所以一般是進行環澆。

Q 梁、地面樓板的垂直面連續澆置部位的位置在哪裡？

▼

A 在跨距的中央部，或是從端部起算1/4附近。

一般是一天一次澆置一層樓，基本上在樓板上（＝梁上）作水平連續澆置部位。然而，平面面積很大的建物無法一天澆置整層，只能在某部位作垂直斷面告一段落。這時選擇剪力最小的位置，作為連續澆置部位。

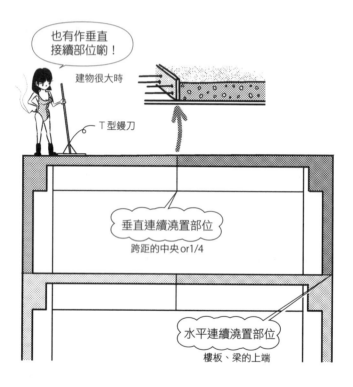

也有作垂直接續部位喲！

建物很大時

T型鏝刀

垂直連續澆置部位

跨距的中央or1/4

水平連續澆置部位

樓板、梁的上端

- 在垂直連續澆置部位，除了使用襯板，有時也用表面凹凸不平的樹脂板、金屬網或金屬簾等。
- 均布荷重時，中央部的剪力最小。如果中央部有小梁等施工困難，以跨距1/4的地方作連續澆置部位。
- 水平連續澆置部位在對外露出部分施作施工縫，密封防止水滲入（參見R162）。

Q 柱和牆哪個先進行預拌混凝土澆置？

▼

A 一般先進行柱的澆置。

澆置柱時，因為預拌混凝土的自由落下衝擊較大，可能導致骨材和水泥漿體分離。因此，利用壓送管和有料斗（漏斗）的直立型瀉槽來進行，或在較高的柱體中間預先裝設澆置口。

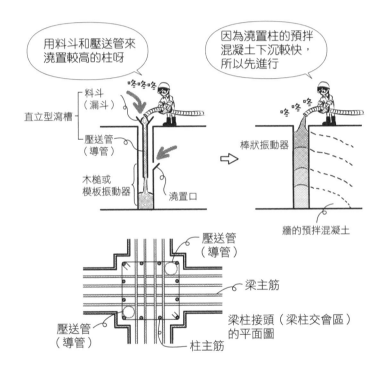

- 確認過柱和牆下方的預拌混凝土填充狀態後，用木槌敲打或使用裝在模板導管的振動器進行振動。從上方將棒狀振動器插入預拌混凝土中。振動是為了使預拌混凝土流到更細部的地方，並排除空氣，使其更緊密凝固，且能與較早之前澆置的預拌混凝土一體化。
- 筆者學生時代，曾有澆置預拌混凝土之前用木槌敲打模板而被罵的打工經驗。敲打尚未澆置預拌混凝土的模板，會導致模板偏離（錯位）。必須根據流入的聲音判斷，或是澆置時用手機和上方監視澆置狀況的人連絡確認。

Q 澆置牆壁時，從端部澆置預拌混凝土使橫向流動，還是間隔1〜2m平均澆置？

▼

A 間隔1〜2m平均澆置。

如果讓預拌混凝土橫向流動，水泥漿體和骨材會分離，容易產生**蜂窩**等缺陷。平均澆置預拌混凝土，並且更進一步在間隔60cm以下的位置，插入棒狀振動器。

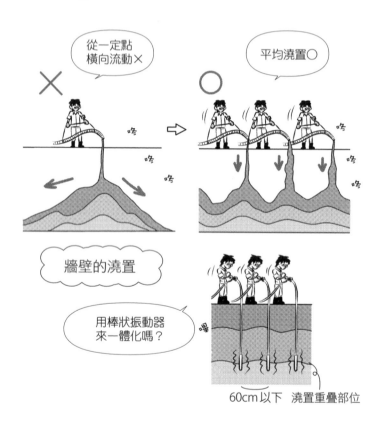

從一定點橫向流動×

平均澆置○

牆壁的澆置

用棒狀振動器來一體化嗎？

60cm以下　澆置重疊部位

• 為了不生成冷縫（參見R237），將棒狀振動器的前端垂直插入之前澆置完的預拌混凝土層。藉由振動器施加的刺激，使水泥漿體浮至預拌混凝土表面。拔出振動器時，為了不在預拌混凝土上殘留孔洞，必須邊振動邊緩慢抽出。

Q 梁的預拌混凝土澆置，是在牆和柱的預拌混凝土完全沉澱之前進行還是之後進行？

▼

A 完全沉澱後進行。

若是尚未完全沉澱前接續澆置，下層的預拌混凝土會下沉，在與梁的分界處產生分離。

●同樣地，樓板澆置也在梁的預拌混凝土完全沉澱後再進行。

Q 澆置完樓板後，如何處理預拌混凝土表面？

▼

A 搗實之後用長尺、T型鏝刀或木頭鏝刀修平，最後用金屬鏝刀修整。

搗實是施加壓力使密實。利用專門的機械等在預拌混凝土表面施加振動來壓實。也有由兩人分擔工作手動搗實的工具。長尺是長形棒狀物，T型鏝刀是蜻蜓形狀的棒子和長尺所組成的T型物體。利用長尺、T型鏝刀或木頭鏝刀將表面大致鋪平後，再用金屬鏝刀修整美觀。

樓板預拌混凝土表面

• 澆置時難以確認樓板上端高度，所以在預拌混凝土中立起棒狀長尺，預先在鋼筋上貼膠帶標記，或是利用稱為標高器（level pointer）的塑膠器具，事先裝在樓板各處。樓板的澆置是從遠到近。

Q 混凝土一次粉刷是什麼？

▼

A 省略用砂漿整平地板混凝土面的工程，直接修整完成混凝土面的方法。

澆置完混凝土後表面會凹凸不平，所以用厚30mm左右的砂漿整平，再鋪貼方塊地毯、塑膠地磚等裝修材料。混凝土一次粉刷的日文寫作「コンクリート（金ごて）直押さえ」，也就是當中省略鋪上整平用砂漿的工程，「直接」（直）用金屬鏝刀（金ごて）將混凝土壓（押さえ）至平整美觀後，再鋪貼裝修材。

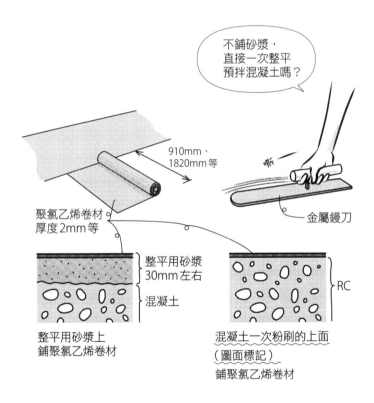

● 因為不用砂漿，一次（一発）整平，所以日文又稱為「コンクリート一発仕上げ」。雖然省略砂漿的工程可降低成本，但澆置預拌混凝土時須高度集中注意力。

Q 女兒牆直立面的澆置,是在樓板上連續澆置,還是和樓板澆置為一體?

▼

A 盡可能和樓板澆置為一體。

如果女兒牆(parapet,又名胸牆)和樓板不是一體化,結構上分離,在樓板和直立面部分之間很容易產生龜裂。直立面的防水非常重要,所以盡可能一體化澆置。

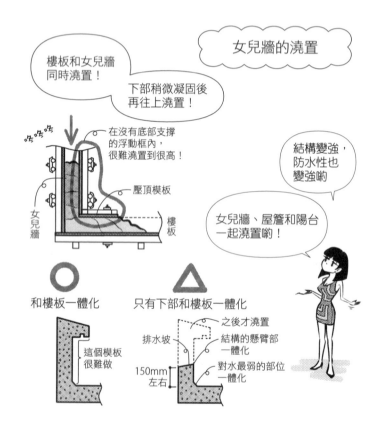

- 女兒牆和樓板一體化澆置時,女兒牆直立部內側的模板,是不立在樓板上的「浮動框」。在無法承擔較高的女兒牆的情況下,先澆置15cm左右的直立面和樓板一體化,在上方連續澆置。考慮到不讓水進入連續澆置部,施作外排水坡。
- 屋簷、懸臂露台和陽台等的澆置,需要和其支撐部列為同時澆置區域,才能使結構一體化。

Q 冷縫容易發生在什麼時間和什麼地方？

▼

A 炎熱快乾時期、午休等較長的休息時間，或有一定高度的挑高牆壁等。

預拌混凝土很快就會硬化。如果澆置完牆壁下部，過了一段時間才接著澆置，界面可能生成冷縫。因此，不可有時間空檔，要不間斷地澆置。

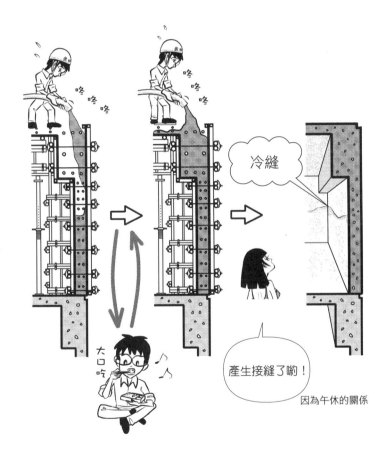

● 觀察挑高牆壁，有時會看到傾斜的冷縫痕跡。為了避免產生冷縫，除了不長時間休息，還可以插入振動器或長竿，或是用木槌敲打模板，以便一體化。

Q 蜂窩容易發生在什麼地方？

▼

A 窗下緣、樓梯凸緣、柱或牆壁的轉角等，預拌混凝土不易流動之處。

 水泥漿體流動不夠徹底，砂或礫石從預拌混凝土分離出來，就會產生凹凸不平的麻點狀蜂窩，日文中也寫作「豆板」、「あばた」或「す」。

蜂窩呀！

因為水泥漿體沒有流到那裡而露出骨材了喲！

- 徹底利用振動器，將預拌混凝土振動到每個角落，就可避免產生蜂窩。窗下緣、樓梯凸緣等預拌混凝土不易流動的地方，需要費點心思，像是拆掉上方的襯板，從上方澆置後再蓋上。有樓梯的區塊，從樓梯開始澆置預拌混凝土，到凸緣部分都填滿後，再接著進行周圍的牆壁等澆置。
- 從設計階段就必須費心思設定預拌混凝土較易流動的窗型。如果是縱長到地板的窗型，就不必擔心預拌混凝土的流動狀況。
- 蜂窩可以塗抹含水較少的硬砂漿來修補。水分多的砂漿會因流動而不易成型。

Q 澆置混凝土後濕治養護的目的是什麼？

▼

A 為了避免因蒸發而使預拌混凝土表面水分不足，導致硬化不佳。

◼ 澆置混凝土後隔一天，預拌混凝土硬化到某種程度，用軟管在表面灑水或噴霧，再蓋上塑膠布防止水分蒸發。如果硬化之前灑水，水會混進預拌混凝土裡。

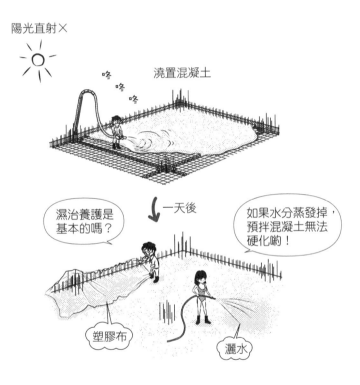

- 澆置混凝土時天氣狀況很重要，晴天容易乾燥，大雨則會混入過多水分。陰天、小雨或雨後天晴都適合預拌混凝土作業。盡可能避免陽光直射。筆者學生時代曾和幾位學弟妹一起到一位建築師的施工現場打工，拿著木槌敲打固定澆置混凝土用的模板。當時萬里晴空，現場監工說「今天是澆置混凝土的好日子呢！」，而筆者還記得當時回了一句「是呀」。那位現場監工和我都不了解混凝土的性質。
- 澆置預拌混凝土後，最少一天（二十四小時）之內，不得在上面行走或進行墨線標記等作業。

Q 如果在氣溫4℃以下等寒季澆置混凝土，要如何因應？

▼

A 為了避免因結凍而阻礙水化反應，需要採取各種防止結凍的對策。

◆ 澆置後，建物整體用塑膠布圍住，使用熱風機保溫，或是用保溫電毯來養護。

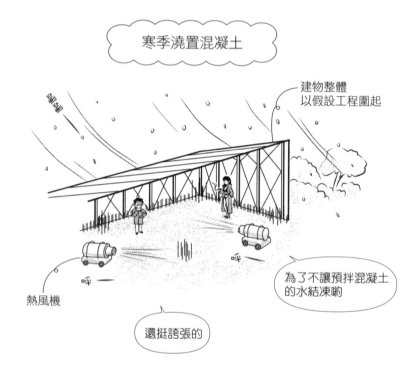

寒季澆置混凝土

建物整體
以假設工程圍起

為了不讓預拌混凝土
的水結凍喲

熱風機

還挺誇張的

呼

呼

- 使用AE劑或AE減水劑來減少水分、增加氣泡以提高隔熱性，避免結凍。水泥因水化反應而產生水化熱，所以使用具隔熱性的塑膠布等，可讓水化熱不外洩。附著於骨材的水分一旦結凍，會降低預拌混凝土的溫度，造成預拌混凝土中的水分增加等缺陷，所以加熱骨材後使用。JASS 5明定了寒季的混凝土規格。
- 筆者曾有在隆冬山上的雪地中澆置混凝土的經驗。通常會盡可能過了冬天再進行，但工程進度很急不得不做，所以以假設工程圍起建物整體後，用大型的熱風機全天吹熱風升溫，在裡面澆置混凝土。

Q 鋼骨工程中的 mill、fab 是什麼？

▼

A mill 是製鋼廠，fab（fabricator 的簡稱）是鐵工廠。

 煉鐵礦石成鋼，再壓延（加壓延伸）做成 H 型鋼、角型鋼管等鋼材的是製鋼廠、鋼鐵廠。加工鋼材，製成柱、梁等建築構件的是鐵工廠。

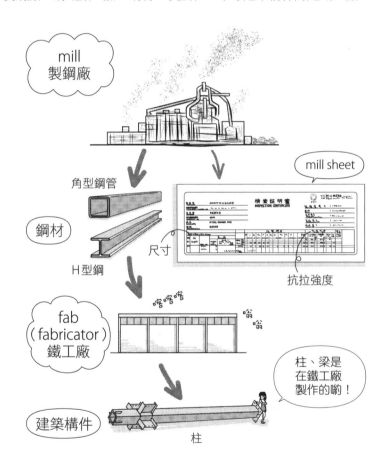

mill
製鋼廠

mill sheet

角型鋼管

鋼材

尺寸

H 型鋼

抗拉強度

15

鋼骨工程

fab
（fabricator）
鐵工廠

柱、梁是
在鐵工廠
製作的喲！

建築構件

柱

● mill sheet 是鐵工廠在鋼材進貨時，用來證明鋼材性質的出廠證明。設計監造者也會確認鋼材的出廠證明。

Q 如何施作鋼骨造結構體？

▼

A 一般先在工廠（鐵工廠）製作柱和梁，現場再用螺栓組立。

在不利於架鷹架的現場，要向上或橫向銲接很困難，所以盡可能先在工廠進行銲接。用螺栓接合組立完柱梁後，將鋼承鈑放在梁上澆置混凝土等，結構體就完成了。

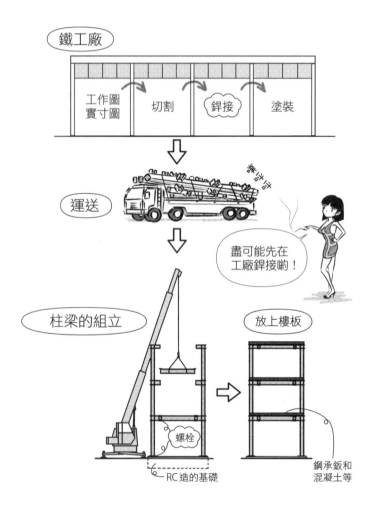

Q 工作圖、實寸圖是什麼？

▼

A 工作圖是指從設計圖到製作鋼骨構材，為了進行工作而做的圖面。實寸圖則是將工作圖中難懂的收飾或代表性的柱等，用實物大小的尺寸畫出的圖面。

不管哪一種都是由製作者、鐵工廠製作。實寸圖是在**放樣現場**的寬廣地面上，用粉筆標出整體的尺寸、細部的收飾等，再加以確認。

工作圖、實寸圖是鐵工廠畫的喲！

工作圖
為了製作鋼骨所畫的圖面

一邊參考設計師畫的建築設計圖和結構圖

在放樣現場確認實寸圖喲

實寸圖
確認尺寸、收飾等

- 設計監造者會確認鐵工廠提供的工作圖，前往放樣現場檢查柱梁及接合部的尺寸、收飾等，並確認現場使用的鋼製捲尺和工廠用的是否有差異。有時製作工作圖可以省略實寸圖。
- 設計者有時也會畫實寸圖，以便考量較難收飾的部位如何進行。

Q 樣板畫線是什麼？

▼

A 用畫線針（marking-off pin）、鑿子或沖頭（punch）等在鋼材上標出切斷或打孔的位置。

樣板畫線（scratching）是用硬材做成的畫線針或鑿子在鋼材上標示刮痕或畫線；或是用錘子敲打沖頭，在孔的位置留下凹痕。

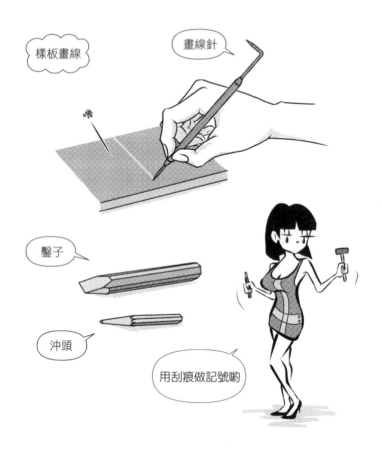

- 鑿子是將斷面為六角形、圓形或長方形的鋼頭削尖作為刃，用來刮或削掘鋼材的工具。也有削石頭用的鑿子。
- 樣板畫線的尺寸，必須考量製作過程中的收縮、變形及完成寬度（切斷時的寬度）等。
- 不可用沖頭或鑿子在高張力鋼或軟鋼上留下刮痕，因為較大的傷痕會影響強度。

Q 如何裁斷鋼骨？

▼

A 大型鋼材用帶鋸盤（band saw）等，小型鋼材用金屬圓鋸（metal saw，又稱圓形鋸、高速切割機）等，鋼板用剪床（shearing machine）裁斷。

band是帶，saw是鋸子，band saw是帶狀鋸子。使帶狀鋸子同方向或左右來回移動裁斷鋼材。metal saw是金屬鋸子，轉動圓形鋸子部位來切斷。shear是剪力，shearing machine是利用剪力裁斷鋼板的機械。

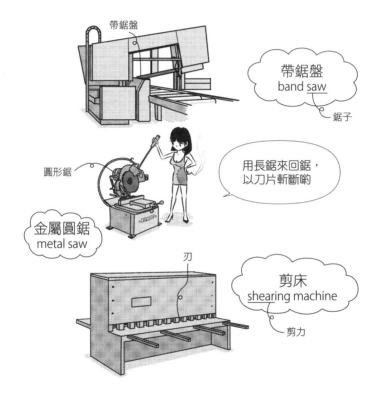

- 高速切割機大多指可攜式小型金屬圓鋸。也可手持圓盤砂輪機（參見R249）來切割，另外還有雷射切割機、等離子切割機和瓦斯切割機等。
- 瓦斯熔斷是利用手持瓦斯噴槍的熱來熔化切斷，所以切斷面不美觀，且熱的影響會殘留在鋼骨內部，用於組立板片（參見R265）的切斷或解體時的切斷等。

Q 如何在鋼材上打孔？

▼

A 一般是用鑽孔機，薄板材也能利用剪力打孔。

■ 普通螺栓或錨定螺栓的孔，在板厚 13mm 以下時，例外地可用剪力打孔。鋼板的剪力切斷也僅限於厚度 13mm 以下。

鑽孔機打孔

剪力打孔　　僅限板厚13mm以下

一般是用鑽孔機打孔喲

● 13mm 以下的規定是來自 JASS 6。高拉力螺栓用的孔一定要用鑽孔機打孔。

● 有車床的鑽孔機又稱鑽孔機台（boor-bank drilling machine）。另外也有具備切斷功能的鋸子和鑽孔的複合機械。

Q 如何使鋼材彎曲？

▼

A 在常溫下，利用滾圓機（bending roller）中的多個滾筒來彎曲。

bend是彎曲，bending roller就是用來彎曲的滾筒機械。可用於彎曲H型鋼、角型鋼管、圓形鋼管和鋼板等。

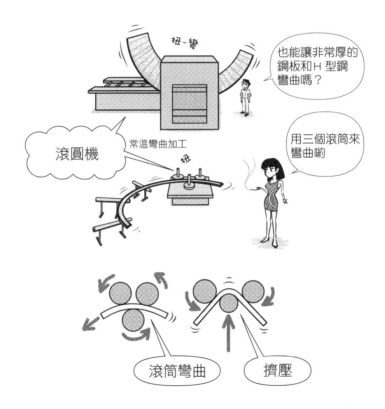

- 用來彎曲角鋼（山型鋼、L型鋼）或扁鋼（flat bar，平鋼）等的小型機械稱為彎曲機。常溫下用來彎曲鋼筋的是鋼筋彎曲機（參見R173）。
- JASS規定，常溫加工下的內側彎曲半徑，必須為柱材或梁材等所要求的塑性變形能力的四倍厚度以上，或是其他的兩倍厚度以上。所謂塑性變形能力，是指即使當施力和變形已不成比例時（超過彈性限度後），抵抗力不會急遽減少而仍有變形的能力。

Q 加熱彎曲加工是在什麼狀態下進行？

A 在赤熱狀態（850～900℃）下進行。

一旦加熱鋼，其變形抵抗就會減少，變得較易彎折。然而，鋼在**藍脆**（blue brittleness，200～400℃）時，強度和變形抵抗都會增加，變硬而容易碎裂，所以在藍脆性區時不可彎曲加工。

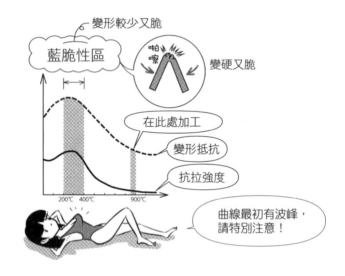

●脆性是破壞之前的變形很少。反義詞為韌性，指具有韌度，即使超過彈性（施力與變形成比例，除去施力後恢復原狀）界限，到破壞之前仍會有很大的變形。

Q 圓盤砂輪機是什麼？

A 高速旋轉圓盤，用圓盤面挫刀磨平或切割用的手持機械。

disc是指圓盤，grind是研磨、削磨，grinder是研磨機的意思。藉由替換不同的圓盤，圓盤砂輪機（disc grinder）可研磨鋼材，還能用來切割。另外也有附車床的大型研磨機。

除去凹凸不平、不光滑的地方嗎？

不緊握住的話會被彈開啲

削除

切斷

很快就報廢

disc grinder
圓盤砂輪機

- 鋼材的捲曲、下陷、變形、毛邊（burr）或軋鋼鱗片（mill scale，黑皮、鏽皮、黑色氧化膜）等，都可用圓盤砂輪機削除而達到平滑。毛邊是切割材料時，邊緣產生凹凸不平的稜角。
- mill是製鋼廠，scale為氧化物的薄層。mill scale是製鋼廠煉鋼時產生的黑色生鏽薄層。
- 筆者有用圓盤砂輪機切斷C型鋼（帶緣溝型鋼）的經驗。角度只要稍微偏折就容易被彈開，加上是在熱天的屋頂上進行，一點火花落在木屑上就會開始冒煙，非常麻煩。

Q 全滲透開槽鉾是什麼？

▼

A 做溝槽（開槽鉾道），使熔融金屬完全滲入斷面整體的鉾接。

鉾接是將**母材**（建築構材）和**熔融金屬**（熔化的鉾條或鉾線）熔化接合形成一體。全滲透開槽鉾（complete penetration groove welding）是將兩個構材開槽相接在一起，又稱為**開槽鉾**（groove welding）。當板子很厚時，如果不開槽會讓熔融金屬很難滲到下面，可能變成部分滲透開槽鉾（partial penetration groove welding）。

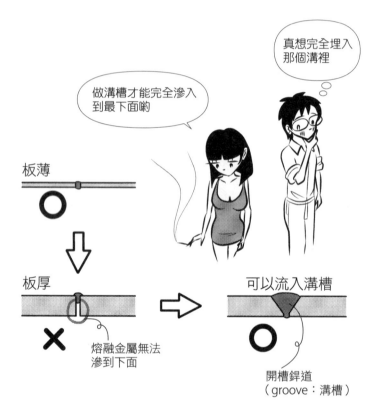

做溝槽才能完全滲入
到最下面喲

真想完全埋入
那個溝裡

板薄

板厚

可以流入溝槽

✕

熔融金屬無法
滲到下面

開槽鉾道
（groove：溝槽）

● 為了做溝槽而在板的小口（切斷面）斜切的步驟，稱為開槽鉾道加工。開槽鉾道是指鉾用的溝槽，亦指被斜切的先端部位。因為構材的先端被斜向切開，所以日文寫作「開先」。

Q 填角銲是什麼？

▼

A 在垂直兩個面的交角上，將熔融金屬做成三角形斷面來銲接。

因為是在板的角隅填上熔融金屬，所以稱為填角銲（fillet welding）。由於拉力只會透過角隅銲接部位傳遞，結構上是不完整的連結，只用在簡單的接合部。

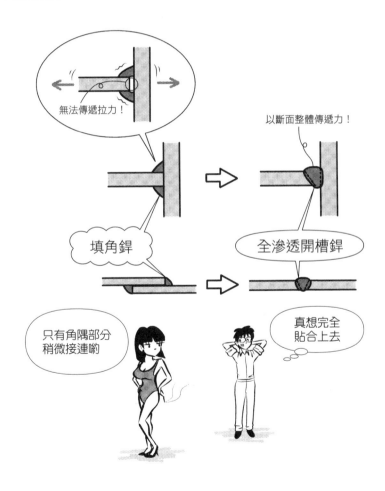

●結構上重要的接合部，是用銲接接合面整體的全滲透開槽銲（開槽銲）。

Q 銲冠是什麼？

▼

A 超過必要尺寸而突出表面的熔融金屬部分。

銲接的突起稱為銲冠（reinforcement of weld）。銲冠過大，應力（構材內部產生的力）會集中在銲冠。必須使銲冠在最小限度內，於母材表面形成圓滑連續形狀。

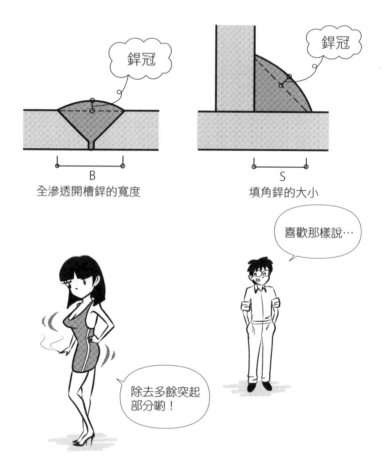

銲冠

銲冠

B
全滲透開槽銲的寬度

S
填角銲的大小

喜歡那樣說…

除去多餘突起部分喲！

● JASS 表中，根據銲接的種類、全滲透開槽銲的寬度 B 和填角銲的大小 S 等，規定銲冠為 3mm 以下、4mm 以下等。

Q 背襯板、導銲板是什麼？

▼

A 背襯板（backing plate）是用來防止熔融金屬從下方流出的鋼板，導銲板（end tab）是接在銲接端部的小構材。

下圖為柱梁接合部的銲接。end 指端部，tab 為小部分的突出。因為銲接端部無法垂直完全貼合銲接在母材端部上，所以用導銲板延伸銲接端部，也避免端部銲接不良。

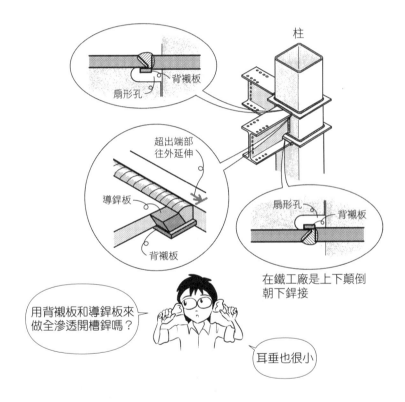

柱

背襯板

扇形孔

超出端部往外延伸

導銲板

背襯板

扇形孔

背襯板

在鐵工廠是上下顛倒朝下銲接

用背襯板和導銲板來做全滲透開槽銲嗎？

耳垂也很小

- 鋼製的背襯板和導銲板在銲接完畢後可直接附在上面，陶製導銲板銲接完之後要取下。
- 切取 H 型鋼的腹板（位在中央的縱板），將背襯板穿過後，用全滲透開槽銲徹底把翼板（上下的板）全長銲接在腹板上。切取的孔稱為扇形孔（scallop）。scallop 原意為扇貝，用以指圓弧狀的孔。

Q 夾具是什麼？

▼

A 用來固定構材或旋轉構材的工具。

在工廠的銲接，是使用大型的**銲接轉盤**或小型的**定位器**等，盡可能面朝下並保持穩定狀態來進行。定位器是用來固定鋼材的位置，以便在適當狀態銲接。銲接轉盤又稱為旋轉定位器。

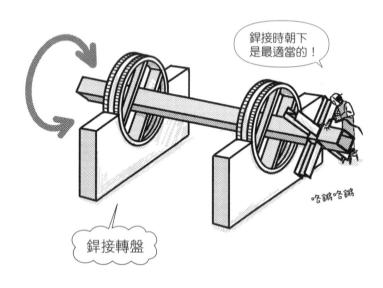

銲接時朝下
是最適當的！

咯鏘咯鏘

銲接轉盤

● 面朝下銲接最安定且信賴度高。現場銲接是在鷹架上作業，而且面朝上或橫向，姿勢也不安定，所以信賴度和效率都較低。基本上，銲接盡可能在工廠（鐵工廠）進行。

Q 如何在5℃以下的寒季銲接？

▼

A 放棄銲接，或是加熱母材後銲接。

母材因為加熱而熔化，能和熔融金屬一體化完成銲接。如果母材冷卻，可能有無法一體化的風險。

- JASS規定，−5℃以下不要銲接；−5℃以上5℃以下，適當加熱自接合部算起100mm範圍內的母材，就能銲接。
- 銲接的原理、分類、種類和柱梁接合部分的收飾等，請參見拙著《圖解S造建築入門》。

Q 如何檢查銲接內部的缺陷？

▼

A 進行超音波探測。

接觸到超音波時，銲接部的正面、反面等鋼非均質的地方會反射。若在正面或反面以外的地方有反射，表示有缺陷。

要好好檢查銲接喲！

從超音波的反射就知道有銲接缺陷

正面
缺陷
反面
反射強度
時間（深度）

超音波探測

● 從反射的時間，可得知從表面到缺陷的距離（深度）。
● 超音波是人耳聽不見，振動數（周波數）高的音波。

Q 如何組立柱梁的接合？

▼

A 如下圖，依短柱（骰子）、橫隔板、托架、長柱的順序，在工廠進行鉾接組立。

如果沒有厚鋼板的**橫隔板**，將柱的薄鋼板直角接合在梁的H型鋼上，受力的柱會馬上塌陷。

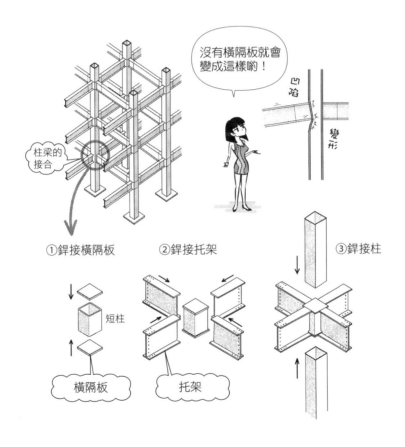

沒有橫隔板就會變成這樣喲！

凹陷　變形

柱梁的接合

①鉾接橫隔板　　②鉾接托架　　③鉾接柱

短柱

橫隔板　　托架

● 接合主要部分的鉾接，是做開槽鉾道之後，進行全滲透開槽鉾。鉾接托架時，如果全滲透開槽鉾（翼板部分）和填角鉾（腹板部分）都要進行，先進行全滲透開槽鉾，因為全滲透開槽鉾所造成的收縮量較大。

Q 不能進行防鏽塗裝的部位是哪裡？

▼

A 銲接部位、高拉力螺栓摩擦結合部位、混凝土埋設部位、防火被覆部位。

鋼材易鏽，所以先在工廠進行防鏽塗裝後再運到現場。但是塗裝劑和熔融金屬混在一起，會使塗裝面變滑而減少摩擦力，造成混凝土的附著力變弱，防火被覆的附著力也變弱。由於這些原因，上述四個部位不做防鏽塗裝。

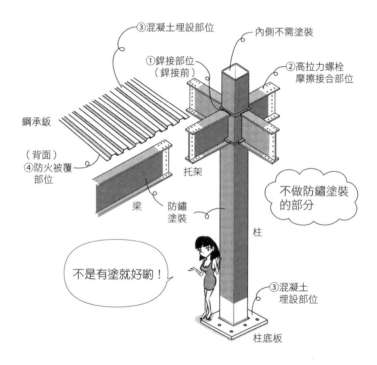

- 在現場組立完鋼骨後，有時會進行局部的防鏽塗裝。
- JASS 規定高拉力螺栓接合的摩擦面，進行自然生鏽（放置室外後產生紅鏽）或噴淨加工（噴附研磨材），以確保滑流係數在 0.45 以上。

Q 如何把鋼骨柱固定在基礎上？

▼

A 把柱底板的孔穿過錨定螺栓，再用雙螺帽鎖緊固定。

■ 將銲接在柱下端的柱底板，與埋設在基礎裡的錨定螺栓緊密接連。用雙螺帽固定並相互鎖緊後，就很難鬆開。

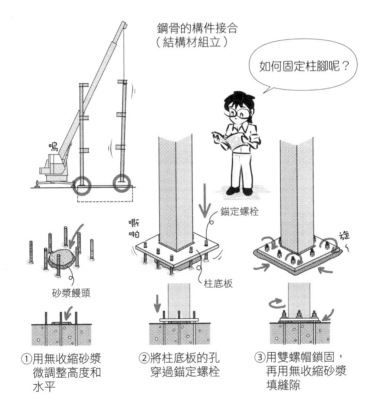

鋼骨的構件接合
（結構材組立）

如何固定柱腳呢？

錨定螺栓

柱底板

砂漿饅頭

①用無收縮砂漿
微調整高度和
水平

②將柱底板的孔
穿過錨定螺栓

③用雙螺帽鎖固，
再用無收縮砂漿
填縫隙

- 柱底板（base plate）是基礎（base）的板（plate），用全滲透開槽銲接合在柱上。事先埋在基礎裡，把柱等像下錨（anchor）一樣固定的螺栓（bolt），稱為錨定螺栓（anchor bolt）。
- JASS 規定，錨定螺栓要露在雙螺帽外側，且需露出三個以上螺紋峰。

Q 如何把鋼骨梁固定在柱上？

▼

A 用高拉力螺栓將梁以摩擦接合固定在柱的托架上。

如下圖，用**連接鈑**夾起翼板和腹板，以高拉力螺栓固定。

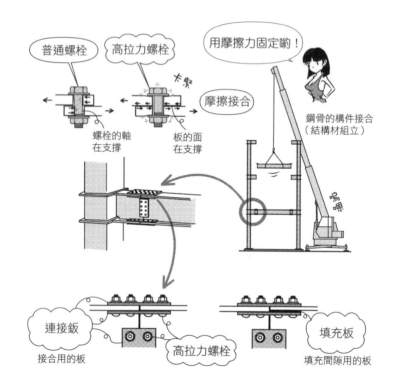

• 普通螺栓是用螺栓的軸來傳遞力，而高拉力螺栓在強的拉力下藉由夾於兩摩擦面
來傳遞力。splice 是連接，plate 是板，所以 splice plate 的原意為用來連接的板。當
翼板的厚度不同時，補上填充板。filler 是填充、填補之物，filler plate 為填充間隙
的板。JASS 規定，當間隙在 1mm 以下不需處理，超過 1mm 就要放入填充板。

Q 假設螺栓、高拉力螺栓的鎖固順序為何？
▼
A 組立時用普通螺栓假鎖固，鉛錘改正之後，將所有螺栓改用高拉力螺栓鎖固。

◆ 假鎖固後，依序從中央到外側、由上往下，將高拉力螺栓全鎖緊。

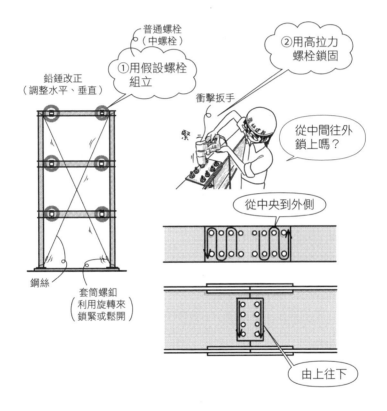

● 假鎖固的螺栓（假設螺栓）是使用和全鎖緊螺栓同軸徑的普通螺栓（中螺栓）。普通螺栓在日本分類的「上、中、並」等級中大多為「中」，所以又稱為中螺栓。JASS規定假設螺栓的個數，必須是螺栓數的1/3以上或兩個以上。
● 輕量鋼的螺栓接合也可使用普通螺栓。

Q 如何確認扭剪型高拉力螺栓已經全鎖緊？

▼

A 根據長尾部（pintail）的斷裂來判斷。

 長尾部是指螺栓端部細長的（pin）尾端（tail），為了承受所定的力矩而會形成破裂。

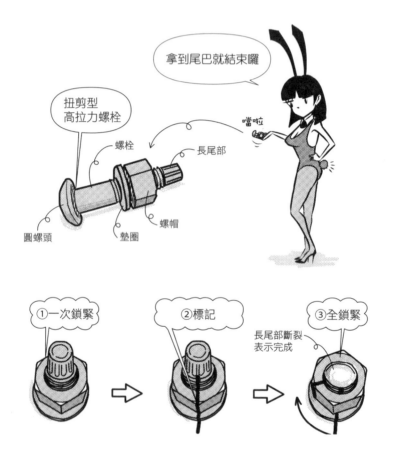

拿到尾巴就結束囉

扭剪型
高拉力螺栓

螺栓　　　　　長尾部

噹啦

圓螺頭　　　螺帽
　　　墊圈

①一次鎖緊　　②標記　　③全鎖緊

長尾部斷裂
表示完成

- 標記（marking）是用來確認螺栓與墊圈（washer）有沒有共轉，或是螺帽的旋轉量是否不一致。螺栓的剩餘長度，從螺帽面算起有 1～6 個螺紋峰即合格。
- H型鋼的內側很難使用衝擊扳手（impact wrench），所以在 H 型鋼的上或下用衝擊扳手旋轉，圓螺頭一般在內側。
- 除了扭剪型高拉力螺栓，還有高拉力六角螺栓。

Q 構件接合時，如果螺栓孔有誤差該怎麼辦？

▼

A 若是小誤差，用擴孔錐（reamer，鑽孔器）修正。

擴孔錐是指在孔的內面做修改的錐。

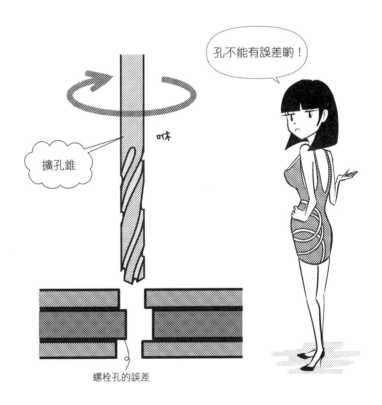

擴孔錐

嘰

孔不能有誤差喲！

螺栓孔的誤差

● JASS 規定，2mm 以下的誤差用擴孔錐修正，超過 2mm 就要和工程管理者討論接合部的安全性，協議並商定內容。

Q 如何把梁鉸接在柱上？

▼

A 用高拉力螺栓，把梁的腹板固定在銲接於柱上的角板（gusset plate）上。

在梁的H型鋼的腹板進行接合，使翼板與柱區隔。如果柱接上翼板，會把使彎曲的力矩傳遞過去。

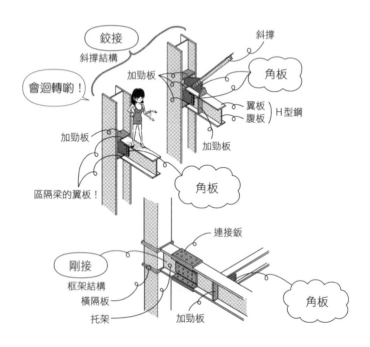

- gusset有用來補強衣服的襯料之意，建築中是指用來承受梁或斜撐的板。stiffen是強化的意思，stiffener是用來強化的東西，指用以補強而放入的板（加勁板）。
- 當小梁固定在大梁上，或斜撐固定在柱上時，都會使用角板。
- 為了不傳遞彎曲的力，用角板來鉸接。會傳遞彎曲的力是剛接，使用橫隔板和托架。框架結構的接合部位一定是剛接。

Q 構件接合要續接柱時如何處理？

▼

A 用連接鈑夾住銲接在柱上的組立板片，再鎖上高拉力螺栓。將兩柱用全滲透開槽銲接合後，再熔斷組立板片。

◆ 先在柱的端部做開槽銲道，在現場用全滲透開槽銲使一體化。銲接時將柱假設垂直固定的是**組立板片**、連接鈑和高拉力螺栓。銲接完成後，用瓦斯噴槍切斷並除去。

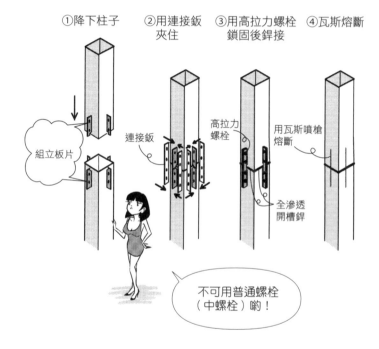

①降下柱子　②用連接鈑夾住　③用高拉力螺栓鎖固後銲接　④瓦斯熔斷

組立板片

連接鈑

高拉力螺栓

用瓦斯噴槍熔斷

全滲透開槽銲

不可用普通螺栓（中螺栓）唷！

- erect為直立，erection piece指用來使直立的零件，一般稱為組立板片。因為貨車可載的長度有限，所以長柱是在現場銲接。
- 因為在工廠進行將托架固定在柱上的作業相當費時，所以也有現場先用短柱固定在基礎上，後續再往上接合柱子的方式。柱是 1 節、2 節地接上，所以貼近基礎切斷的短柱也稱為0節柱（0柱）。

Q 如何用鋼骨施作地板結構？

A 一般是將鋼承鈑銲接在梁上，在上面澆置混凝土。

將鋼板做成起起伏伏，獲得地板結構所需的強度，即是**鋼承鈑**。把鋼承鈑架在梁與梁之間，用填孔銲接固定在梁上，接著再用點銲鋼絲網（wire mesh）或鋼筋縱橫排列組合後，澆置混凝土。

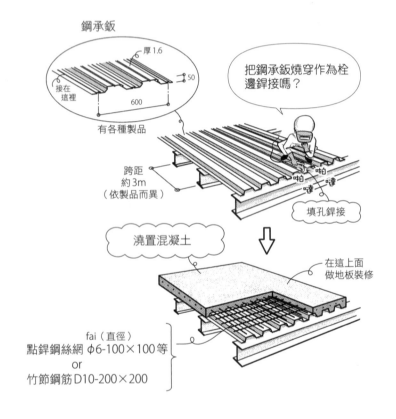

- 填孔銲接是從鋼承鈑上面將鋼板銲出小孔洞後，用熔融金屬以「の」字型填塞孔洞（做成栓）來銲接。
- 點銲鋼絲網為 φ6的光面鋼筋組成的100mm×100mm左右的金屬網，用來防止混凝土龜裂。用D10（竹節鋼筋的直徑約10mm）組成200mm×200mm左右，即為和鋼承鈑及RC造地面樓板組合使用的結構。
- 如果跨距較小，也有使用ALC（高壓蒸汽養護輕質氣泡混凝土）板做成地板結構等方法。

Q 如何在梁上裝設柱螺栓？
▼
A 用柱螺栓電銲機等銲接到梁上。

stud是剪力釘，stud bolt是圓筒軸上有較寬的圓筒頭的剪力釘，也就是柱螺栓。為了讓梁和混凝土樓板一體化，形成合成梁、合成樓板，所以使用柱螺栓。

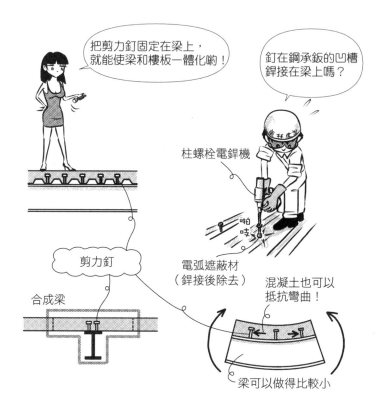

把剪力釘固定在梁上，就能使梁和樓板一體化喲！

釘在鋼承鈑的凹槽銲接在梁上嗎？

柱螺栓電銲機

剪力釘

電弧遮蔽材（銲接後除去）

混凝土也可以抵抗彎曲！

合成梁

梁可以做得比較小

- 在鋼承鈑與鋼承鈑的續接處，露出梁的位置上，可以直接在梁上銲接剪力釘。梁被鋼承鈑遮住的地方，則貫穿鋼承鈑銲接在梁上，使鋼承鈑和梁一體化。當鋼承鈑很厚時，事先打孔。
- 裝在剪力釘周圍用來遮斷（遮護）空氣的遮蔽材，在銲接後除。銲接時如果不遮斷（被覆〔shield〕、潛弧〔submerge〕），熔融的金屬中會產生氧化鐵或氣孔（blow hole）。

Q 瀝青底油是什麼？

▼

A 進行瀝青防水時，作為防水層基材塗在混凝土上，由瀝青溶成的液體。

塗上用溶劑將瀝青融化的液體，使混凝土與瀝青緊密接合。

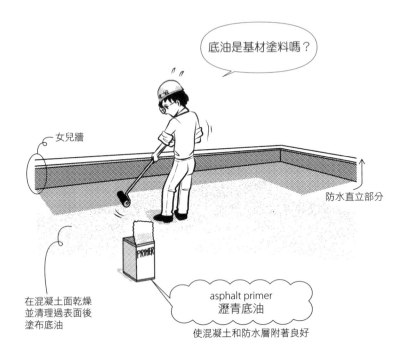

底油是基材塗料嗎？

女兒牆

防水直立部分

asphalt primer
瀝青底油

使混凝土和防水層附著良好

在混凝土面乾燥
並清理過表面後
塗布底油

- prime是「最初的」之意，primer就是最初塗上的東西。
- 原油精煉後的殘渣為直餾瀝青（straight asphalt）。經加熱並吹入空氣（blown）後，形成軟化溫度較高、彈性和衝擊抵抗較大的吹氣瀝青（blown asphalt），用來防水。

Q 瀝青屋面料（油毛氈）是什麼？

▼

A 用瀝青浸透毛氈的東西。

在混凝土上塗布瀝青底油。隔日，用加熱熔融的瀝青鋪貼瀝青屋面料。

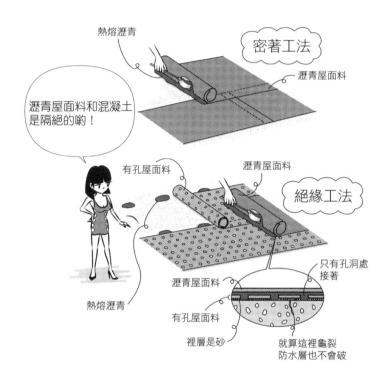

熱熔瀝青

密著工法

瀝青屋面料

瀝青屋面料和混凝土是隔絕的喲！

有孔屋面料

瀝青屋面料

絕緣工法

只有孔洞處接著

瀝青屋面料

有孔屋面料

裡層是砂

熱熔瀝青

就算這裡龜裂防水層也不會破

16
防水工程

- 整面接著的方法是密著工法。將裡層附砂的有孔屋面料鋪在下層，只有孔洞部分點狀接著的方法為絕緣工法。絕緣的目的是，即使基礎混凝土龜裂，防水層也不會破裂。
- 屋面料從排水坡下方位置重疊鋪到排水坡上方位置，重疊寬度100mm以上。鋪到排水坡上方位置的理由，和屋頂的瓦及石板相同，是為了使水容易流動且不易滲入縫隙。如果反之由排水坡上方鋪到下方，重疊寬度要有150mm以上。
- 熔融瀝青是將小塊的瀝青放到熔融鍋裡，加熱到軟化點（95℃、100℃等）加上170℃的溫度以下。超過此溫度，瀝青的品質會降低。此外，若溫度在200℃以下，接著力會降低。

Q 改質瀝青防水氈是什麼？

▼

A 加入合成樹脂或塑膠改良製成的瀝青附在內側的防水布。

用銲槍（torch，瓦斯噴槍）的火焰將內面的改質瀝青熔化後，貼著在混凝土面。

一個人進行嗎？

改質瀝青防水氈

用銲槍（瓦斯噴槍）
熔化改質瀝青後接著

內側為改質瀝青

　密著工法…整面接著在混凝土上
　絕緣工法…下面鋪上有孔屋面料點狀貼著

- 可以省下用熔融鍋熔化瀝青的程序。此外，如上圖所示，可一個人手持銲槍用金屬工具鋪上屋面料。torch原意為火炬，除了瓦斯噴槍之外，亦指銲接時用銲線（熔融金屬）銲接的工具。
- 和瀝青屋面料一樣，也有整面接著的密著工法，以及鋪在有孔屋面料上點狀貼著的絕緣工法。絕緣工法比較能減少因混凝土龜裂造成的防水層破裂。

Q 伸縮瀝青防水氈是什麼？

▼

A 將合成纖維浸染瀝青所製成具伸縮性的防水布。

在外角、凹角及落水頭（排水口）的周圍等處，重疊貼上防水布到屋頂材下面，使防水性不易中斷。

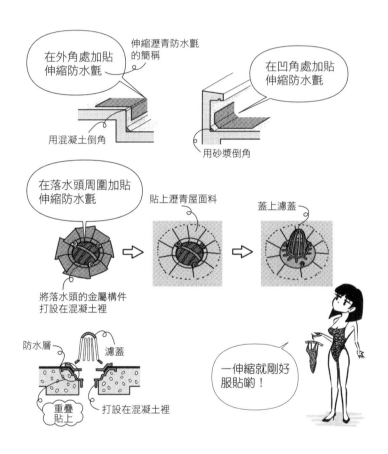

- stretch 為伸縮之意。藉由伸縮，可以對應凹凸不平處。除了一般的瀝青屋面料，還會追加貼上伸縮瀝青防水氈，稱為重疊貼上。此外，也使用將網狀纖維浸染瀝青的網狀瀝青防水氈來重疊貼上。
- 落水頭的金屬構件會打設在混凝土裡，防水層從周圍鋪到落水頭孔中，再蓋上用來過濾垃圾具金屬網格的濾蓋。落水頭是集水的地方，凹凸不平，為防水的重要位置。

Q 有混凝土保護層時，隔熱材要貼在防水層的上方還是下方？

▼

A 隔熱材一般貼在防水層的上方。

隔熱材的上面大多會澆置混凝土保護層，所以隔熱材會因為混凝土的重量而凹陷。如果防水層在隔熱材上面，一旦凹陷在直立面部位，可能有防水層被往下拉引而破裂的危險。若是防水層露在外面，在防水層下鋪上隔熱材也沒問題。

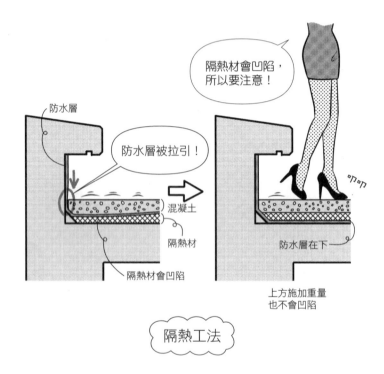

隔熱材會凹陷，所以要注意！

防水層

防水層被拉引！

混凝土

隔熱材

隔熱材會凹陷

防水層在下

上方施加重量也不會凹陷

隔熱工法

- 一起鋪上隔熱材和防水層的方法，稱為隔熱工法。混凝土結構體外側包有隔熱材，形成外隔熱，提高隔熱效果。
- 有澆置混凝土保護層和無混凝土保護層兩種情況。當屋頂可步行時，為了保護防水層，通常會在防水層和隔熱材的上面澆置混凝土保護層。

Q 混凝土保護層預留伸縮縫的目的是什麼？

▼

A 保護防水層不受混凝土的熱脹冷縮或乾縮等影響。

在防水層上方貼絕緣布，來隔離混凝土。更進一步預留伸縮縫，使防水層不受混凝土膨脹或收縮的影響。縫隙要預留到達防水層。

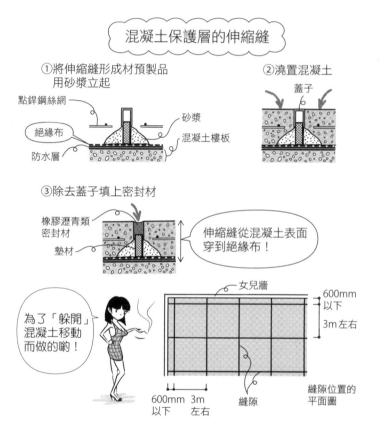

混凝土保護層的伸縮縫

①將伸縮縫形成材預製品用砂漿立起

點銲鋼絲網　　　砂漿
絕緣布　　　混凝土樓板
防水層

②澆置混凝土

蓋子

③除去蓋子填上密封材

橡膠瀝青類密封材
墊材

伸縮縫從混凝土表面穿到絕緣布！

為了「躲開」混凝土移動而做的喲！

女兒牆
600mm以下
3m左右

600mm以下　3m左右　縫隙

縫隙位置的平面圖

● 將縫隙厚度的板子或發泡材（已成形的縫隙材）直立用砂漿固定，接著澆置混凝土。伸縮縫的平面位置，從直立面開始，600mm以內，縱橫間隔3m左右，預留縫隙寬度20～30mm。以縫隙用橡膠瀝青類密封材填住。伸縮縫形成材預製品上部的蓋子除去後，下面部分就變成墊材。

Q 瀝青防水層的直立面末端部如何處理？

▼

A 用固定金屬構件固定住，再用橡膠瀝青類密封材封住。

◆ 女兒牆、門窗下的直立面部位，一旦防水層移位，下雨就會漏水。用金屬構件固定，或用磚塊等重物壓住，使防水層不剝離。

橡膠瀝青類密封材

鋁製固定金屬構件

水泥板

用金屬構件或
磚塊壓住喲

橡膠瀝青類密封材

磚塊：用重物壓住直立面部位

砂漿

Q 為什麼要裝設排氣裝置？

▼

A 為了排出積在混凝土與防水層之間的濕氣，防止防水層隆起。

 絕緣工法和裝修防水工程很容易積存濕氣，所以要裝設排氣裝置。

- 在混凝土上用螺釘固定排氣裝置的排氣筒，上面蓋上防水層，用密封材塞住防水層與排氣筒間的空隙，最後在排氣筒上裝上蓋子。
- 為了不讓濕氣積存在防水層下方，澆置屋頂樓板的混凝土後，放置六星期左右乾燥，如果是下雨過後則經過數日再開始防水工程。如果屋頂樓板下面是鋼承鈑，因為鋼承鈑下方更難排除濕氣，所以需要更長的乾燥時間。

Q 防水布防水的直立面凹角處需要倒角嗎？

▼

A 不倒角而是取直角。

防水布防水的直立面凹角處做成直角，用金屬構件固定住防水布端部。

- 用接著劑等把聚氯乙烯製或加硫橡膠類的1〜2mm厚防水布等固定在基礎上，再貼合上防水布，就是防水布防水。加硫橡膠是在天然橡膠中加上硫黃，以增加彈性和強度。改質瀝青防水氈（參見R270）也是防水布防水的一種。
- 防水布防水原則上是露出表面，不做混凝土或砂漿的保護層。防水布表面用塗料保護，另外也有一開始就塗裝好的防水布。
- 女兒牆上做壓頂，防水層直立面做成屋簷形狀來避雨，減少問題發生。沒有壓頂的女兒牆，用鋁製蓋板（蓋在上面的金屬構件或木頭）將末端部納入蓋板下面，就能讓防水布端部不淋到雨。

Q 塗膜防水工程的順序為何？

▼

A 底油塗布、鋪貼補強布（reinforcing cloth）、塗裝聚氨酯，最上面塗裝修飾。

用刷子或滾輪等將聚氨酯、壓克力或FRP（fiberglass reinforced plastic，玻璃纖維強化塑膠）等塗料「塗」上，硬化後形成「膜」，就是塗膜防水。為了避免龜裂，貼上補強布作為基材。最上面進行塗裝，作為保護和修飾。

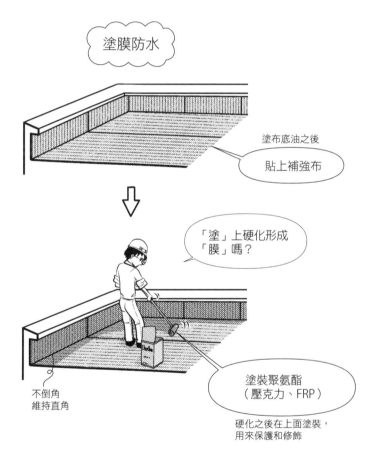

塗膜防水

塗布底油之後
貼上補強布

「塗」上硬化形成「膜」嗎？

不倒角
維持直角

塗裝聚氨酯
（壓克力、FRP）

硬化之後在上面塗裝，
用來保護和修飾

● 即使是露台、壓頂等凹凸起伏多的小地方，也能順利施工。外角和凹角部位不倒角，而是維持直角。

Q 外裝修時如何不用砂漿來鋪石板？

▼

A 用金屬零件固定並密封縫隙。

只用金屬扣件（fastener）來支撐石板，因為不用水而稱為乾式工法。

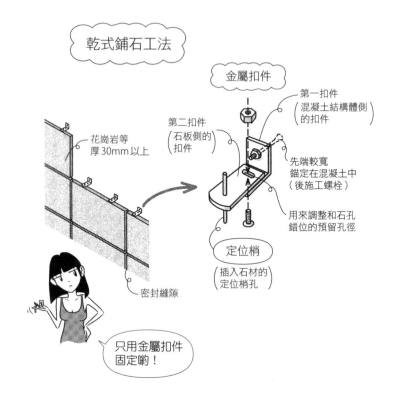

乾式鋪石工法

金屬扣件

第一扣件
（混凝土結構體側）
的扣件

第二扣件
（石板側的）
扣件

花崗岩等
厚30mm以上

先端較寬
錨定在混凝土中
（後施工螺栓）

用來調整和石孔
錯位的預留孔徑

密封縫隙

定位梢

插入石材的
定位梢孔

只用金屬扣件
固定喲！

● fasten是指牢牢固定，fastener為用來固定的扣件。用錨定螺栓將第一扣件固定在混凝土中，再固定附有定位梢的第二扣件。
● 錨定螺栓是在混凝土施工後，從後面插入孔中以較寬的先端來固定使用。把定位梢插入石板小口（切斷面）的孔中，固定石板。定位梢是用來插入孔中的圓棒。

Q 外裝修時如何用砂漿來鋪石板？

▼

A 在混凝土上裝設鋼筋，以金屬零件掛上石板後，用砂漿填充石材背面來固定。

以金屬零件暫時固定後，背面用軟的砂漿以1/3左右的量分別填充疊加。因為砂漿含水，所以稱為濕式工法。

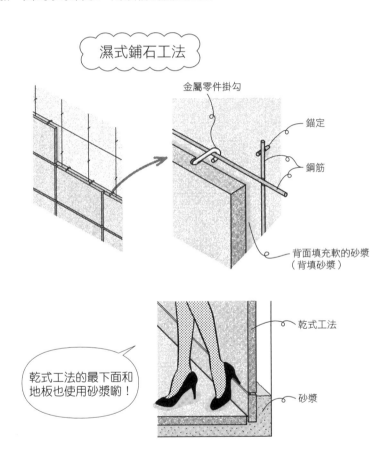

濕式鋪石工法

金屬零件掛勾

錨定

鋼筋

背面填充軟的砂漿
（背填砂漿）

乾式工法

乾式工法的最下面和
地板也使用砂漿喲！

砂漿

- 濕式工法是用砂漿的接著力把石板固定在混凝土面上，所以厚石板且背面是劈面（經楔子等劈開的凹凸粗糙面）時，用濕式工法。若是厚度30mm左右的薄石板，採乾式工法較安全。現在一般是用乾式工法。
- 即使用乾式工法，牆壁與地板相接的部分，以及地板的部分，仍會使用砂漿。

Q 磁磚的壓貼工法是什麼？

▼

A 在基材側塗上黏貼用砂漿，再將磁磚壓貼在上面的方法。

 施「壓」「貼」上，所以稱為壓貼工法（pressure application method）。
塗上約5～6mm的黏貼用砂漿後，立刻貼上磁磚，再用木槌敲打。
在基材側和磁磚都塗上黏貼用砂漿的是**改良壓貼工法**（改良式貼著工
法）。除了壓貼工法，也有使用貼磚用振動機的**密貼工法**，在磁磚背面
黏上團子狀的黏貼用砂漿後，從下往上貼上的**疊貼工法**，以及將貼有很
多枚單位磁磚的紙壓貼在牆上的**單位工法**（單位磁磚壓貼工法）等。

磁磚的壓貼工法

先塗上黏貼用砂漿

立刻「壓」上磁磚
用木槌敲打「貼」住

Q 磁磚的密貼工法是什麼？

▼

A 基材側塗上黏貼用砂漿後，以貼磚用振動機貼磁磚的方法。

塗抹5～8mm厚的黏貼用砂漿後，以貼磚用振動機貼磁磚。

好好貼上，
別讓磁磚掉下來喲！

使用振動機的是
密貼工法嗎？

貼磚用
振動機

震！

壓貼跟密貼
很容易混淆吶…

●黏貼用砂漿的塗抹厚度為5～8mm，比其他工法所用的砂漿稍厚，分兩次塗上。

Q 磁磚的疊貼工法是什麼？

▼

A 將黏貼用砂漿塗在磁磚背面後貼上的方法。

由下往上疊積鋪貼，所以稱為疊貼工法。因為把砂漿做成團子狀塗在磁磚背面，日文又稱為「だんご張り」〔譯註：だんご即為「團子」〕。

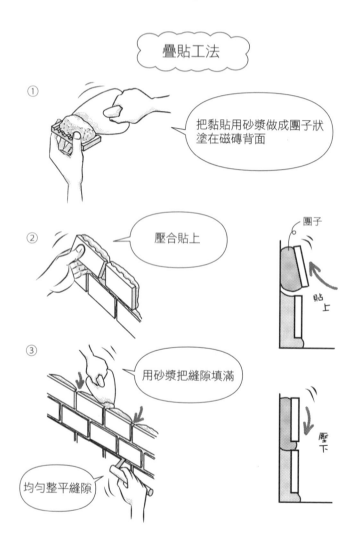

疊貼工法

① 把黏貼用砂漿做成團子狀塗在磁磚背面

② 壓合貼上

團子

貼上

③ 用砂漿把縫隙填滿

壓下

均勻整平縫隙

Q 單位工法是什麼？

▼

A 將貼有多塊磁磚的紙壓緊貼上的方法。

 多塊磁磚形成一個單位，依此單位貼上大量磁磚的方法，又稱為單位磁磚壓貼工法。

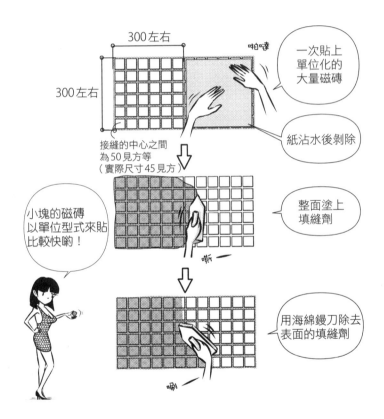

- 50mm見方以下的小塊磁磚也稱為馬賽克磁磚，所以又稱馬賽克磁磚壓貼工法。
- 用沾水的刷子將紙沾濕後，從邊角斜面往下剝除紙。整面塗上填縫劑，乾至一定程度後，用海綿鏝刀除去磁磚表面的填縫劑。

Q 收邊磚是什麼？

▼

A 貼在角隅的L型等特殊形狀的磁磚。

平坦的磁磚為**平面磁磚**。如果在外角處貼平面磁磚，會看到磁磚的小口（最小面，厚度部分），影響美觀。貼磚時一般先貼收邊磚（trim tile）。

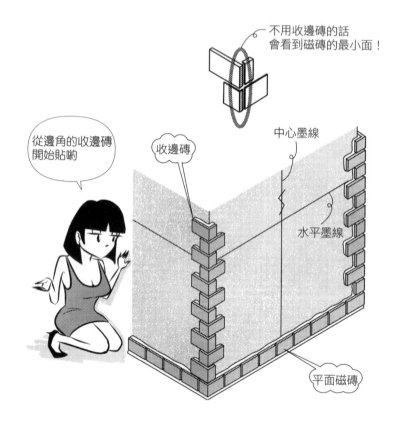

不用收邊磚的話
會看到磁磚的最小面！

從邊角的收邊磚
開始貼喲

收邊磚

中心墨線

水平墨線

平面磁磚

- 這裡的「收邊」日文為「役物」，不只指磁磚，也包括一般只用在特殊位置的特異形狀組件。ALC（高壓蒸汽養護輕質氣泡混凝土）、PC（預鑄混凝土）等也有役物。
- 接縫大小可用磁磚的間隔配置來調整，無法調整時則切割磁磚。磁磚的切割是用電動磁磚切割機、手動磁磚切割器來進行，也可使用砂輪機切斷。

Q 塗砂漿來修飾RC牆等時，底塗層、中塗層和面塗層的配比比例如何處理？

A 水泥：砂的容積比為底塗層1：2.5～1：3，中塗層1：3，面塗層1：3。

■ 底塗層水泥較多，為**富配比**，因為要確保最下層的接著性和強度。

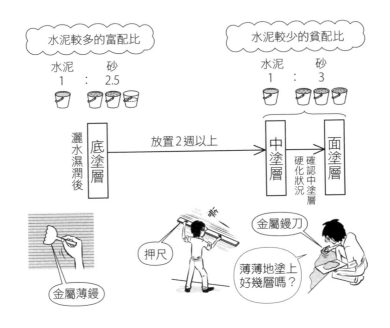

• 先灑水濕潤吸水量多的基材後，重複塗上厚度6mm左右的底塗層，接著用鏝刀壓修過以金屬薄鏝刷出櫛目的紋路。底塗層完成並放置兩週以上再進行中塗層，塗布後用押尺修飾平整。確認中塗層的硬化狀況，再用鏝刀進行面塗層。

• 筆者曾受工匠教導在板條（鐵絲網）上用金屬鏝刀塗砂漿。一旦壓塗的力道、角度或配比不對，很容易脫落。即便是教授建築材料的老師給了增加接著性的藥劑，用來摻入砂漿中，或是直接塗在基材上，也很難塗好砂漿。果然是熟能生巧，非常佩服工匠的技術。

Q 金屬帷幕牆的豎框如何固定在混凝土結構體上？

▼

A 在混凝土側裝上金屬扣件，再用螺栓固定。

在混凝土中埋設錨定螺栓，再裝上金屬扣件，接著將帷幕牆的**豎框**（mullion）等固定在金屬扣件上。

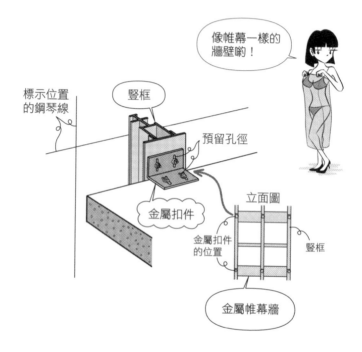

像帷幕一樣的牆壁喲！

標示位置的鋼琴線

豎框

預留孔徑

金屬扣件

立面圖

金屬扣件的位置

豎框

金屬帷幕牆

- 帷幕牆是像帷幕一樣輕，懸掛起來即可作為牆壁，可在工廠規格化生產的外裝牆壁，日文又稱為「帳壁」。帳是指區隔室內外等垂掛的簾幕。
- 埋設在混凝土中的錨栓，分為預埋錨栓和後置錨栓。預埋錨栓是埋設在混凝土中，所以具有足夠強度，但是考量模板或配筋工程的間距，必須標示出正確的位置才能設置。另一方面，後置錨栓可以簡單地決定埋設位置，但強度有疑慮。另外也可以用鑽孔機在混凝土上鑽洞，埋設內牙式錨栓（hole-in anchor，先端較寬的固定錨栓）等。
- 要標示出金屬扣件和帷幕牆的位置，先縱向拉出鋼琴線（piano wire），再橫向標出大概的位置。為了能容許些微誤差，金屬扣件的孔是預留孔徑。

Q PC帷幕牆如何固定在鋼骨梁上？

▼

A 在梁側裝上金屬扣件，再用螺栓把PC板固定上去。

在結構體側裝上金屬扣件，再用螺栓固定的方法，通用於金屬帷幕牆和乾式吊掛工法等。PC板間接續的縫隙，中間保留空隙，用密封材、墊片（襯墊）等填住。

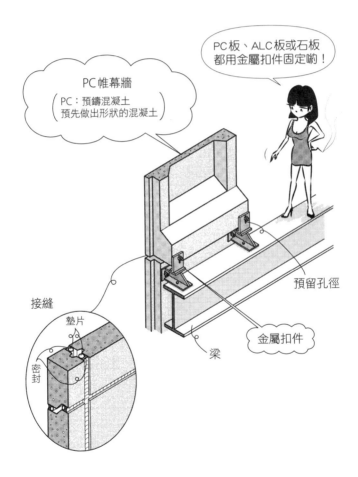

PC板、ALC板或石板都用金屬扣件固定喲！

PC帷幕牆

PC：預鑄混凝土
預先做出形狀的混凝土

接縫

墊片

密封

預留孔徑

金屬扣件

梁

- PC在建築上有預力（prestress，預先施加拉力）等各種意思，這裡是指預鑄混凝土。預先（pre）在工廠灌模鑄出（cast）的混凝土，就是PC。在工廠是平放製造，所以能做出高品質的混凝土。

Q 如何把ALC板固定在鋼骨上？

▼

A 將角鋼（山型鋼）銲接在梁的H型鋼上，再用金屬零件固定。

◆ 最普遍的作法是縱向使用ALC板，上下端用金屬零件固定在梁上。

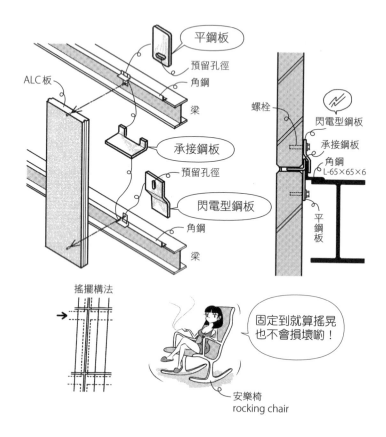

平鋼板

預留孔徑

ALC板

角鋼

梁

承接鋼板

預留孔徑

閃電型鋼板

角鋼

梁

螺栓

閃電型鋼板

承接鋼板

角鋼
L-65×65×6

平鋼板

搖擺構法

固定到就算搖晃
也不會損壞喲！

安樂椅
rocking chair

• 上下端金屬零件的孔有預留空間（loose hole，預留孔徑），即便地震搖晃也不會
損壞。這種能應對搖動的方法稱為搖擺（rocking）構法。

Q 如何用ALC板來做開口部上下的牆壁、陽台或外走廊下的拱肩牆？

A 用角鋼等來補強，從梁往上下延伸出去。

小型女兒牆不需要補強，直接從梁往上延伸。若是作用如扶手的拱肩牆，必須用一塊角鋼補強兩側。

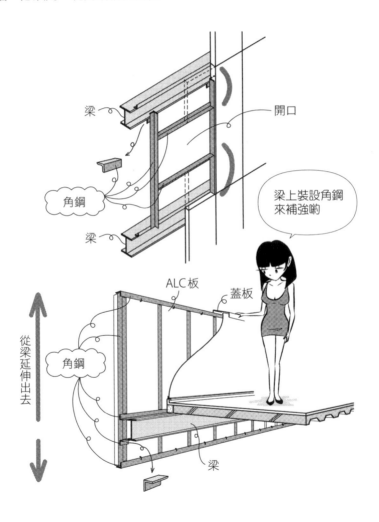

Q 如何把鋁製窗框固定在RC結構體上？

▼

A 將窗框側的金屬構件銲接在埋設的錨栓上，再用砂漿填滿與結構體間的空隙。

以楔子微調整與結構體的間隔，用水平標線或鉛錘等確認垂直和水平後，將銲條插入窗框與結構體間的空隙銲接。

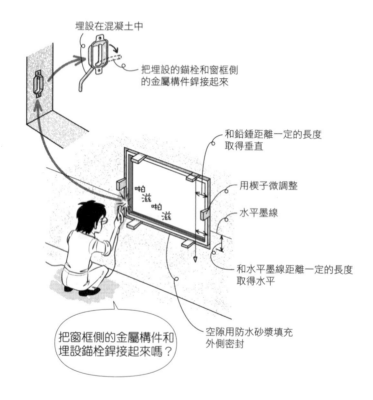

埋設在混凝土中

把埋設的錨栓和窗框側
的金屬構件銲接起來

和鉛錘距離一定的長度
取得垂直

用楔子微調整

水平墨線

和水平墨線距離一定的長度
取得水平

啪滋 啪滋

把窗框側的金屬構件和
埋設錨栓銲接起來嗎？

空隙用防水砂漿填充
外側密封

- 裝上襯板後再填入砂漿，就可以填得很美觀。砂漿很難填入邊角，填充時需多加注意。砂漿中加入防水劑，就變成防水性高的防水砂漿。
- 外側的裝修材和鋁製窗框接觸的部分，用密封材封住。
- 鋁很輕又不堅固，非常容易彎折。筆者曾經自己裝過鋁製窗框，因為水平方向偏差而無法卡上窗的半月鎖，大費周章才調整好。

Q 如何把鋁製窗框固定在鋼骨的骨架上？

▼

A 將窗框側的金屬構件銲接在開口補強用的角鋼上面，用砂漿填滿間隙。

鋼骨的梁之間，一般是把開口補強用的角鋼等縱向穿過，橫向的角鋼則接在縱向角鋼上。在角鋼與窗框側的金屬構件之間架上短鋼筋等，兩端銲接固定。

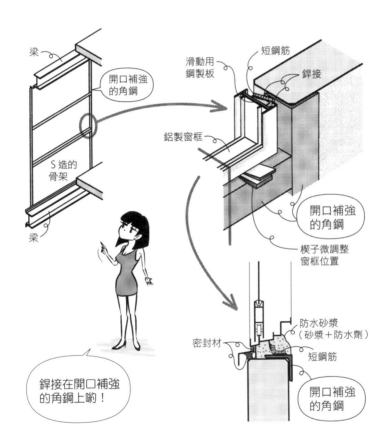

梁

開口補強
的角鋼

S造的
骨架

梁

滑動用
鋼製板

短鋼筋

銲接

鋁製窗框

開口補強
的角鋼

楔子微調整
窗框位置

密封材

防水砂漿
（砂漿＋防水劑）

短鋼筋

開口補強
的角鋼

銲接在開口補強
的角鋼上喲！

● 與RC結構體相同，用防水砂漿填充ALC板等與窗框的間隙。外裝修材與窗框的空隙則是置入墊材（海綿狀底材）後，再用密封材封住。

Q 如何把外裝的鋼製門、鋁製門固定在RC結構體的鋼骨骨架上？

▼

A 和裝窗框一樣，把門框側的金屬構件銲接在埋設的錨栓或開口補強材上，用砂漿填滿間隙。

■ 即使是鋼骨造，地面樓板仍多澆置混凝土，所以和RC造一樣，可在模板階段埋設錨栓。

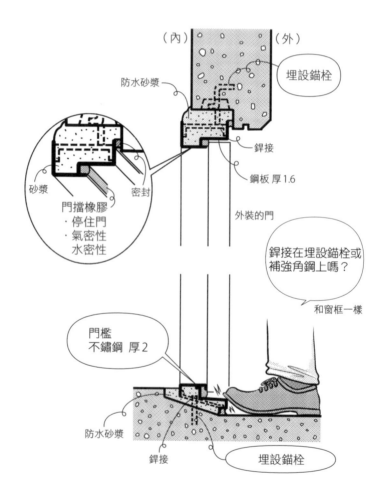

●門下框稱為門檻的部分，大多為不鏽鋼製而非鋼製。鋼製有塗裝，腳頂到時會把塗裝磨掉。

Q 密封工程中
　1. 混凝土施工縫是兩面接著還是三面接著？
　2. PC板、ALC板的接縫是兩面接著還是三面接著？

　▼

A 1. 三面接著。
　2. 兩面接著。

當密封材的兩側都可動時，若採三面接著，密封材可能因接縫底部的移動而破損。如果是像混凝土施工縫不動的情況，就可以用三面接著。

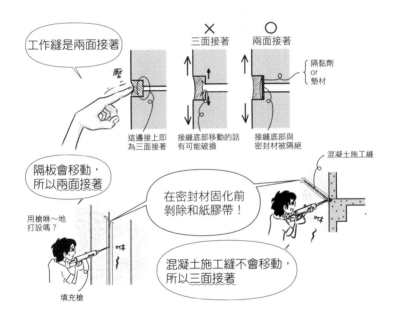

- 兩側會移動的接縫是工作縫（working joint），不會移動的接縫是非工作縫。
- 兩面接著時，密封材的背面放入隔黏劑（bond breaker）或墊材（backup material）。兩者分別是表面光滑而讓黏著（bond）破壞的東西（breaker），以及墊在後面（back）抬起（up）的意思。區別在於隔黏劑沒有厚度，墊材有厚度。
- 因為隔黏劑或墊材的縫隙會有水滲入的問題，所以三面接著的防水性較佳。
- 和紙膠帶在密封完成後立刻除去。一旦密封材固化，膠帶會變得很難剝除，甚至連同密封材一起被剝掉。

Q 玻璃的嵌入深度（吃深）是什麼？

▼

A 把玻璃埋入滑溝的深度。

■ 指玻璃埋入滑溝的嵌入尺寸，藉由這個深度來防止玻璃脫落。

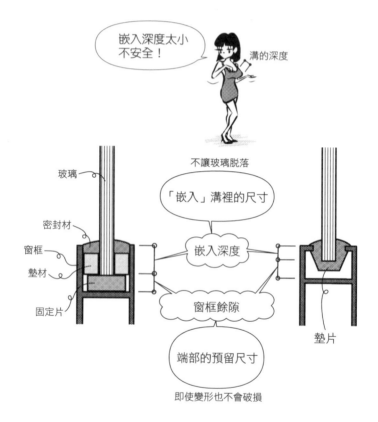

嵌入深度太小不安全！

溝的深度

玻璃

密封材

窗框

墊材

固定片

不讓玻璃脫落

「嵌入」溝裡的尺寸

嵌入深度

窗框餘隙

端部的預留尺寸

墊片

即使變形也不會破損

- 從玻璃的端部（edge）到溝底的距離稱為窗框餘隙（edge clearance），當地震等發生搖晃時，玻璃頂在底部不會破裂的餘裕深度（clearance）。
- 玻璃的切斷面稱為清切面（clearcut，裁切面）。清切面是玻璃切斷面沒有刮傷、缺角或不平等缺點。
- 鐵絲網玻璃設計成在火災時玻璃不會輕易掉落，但切斷面的網會因為生鏽而鼓起，可能導致玻璃破裂。必須在鐵絲網玻璃的切斷面進行防鏽塗裝，或是貼上防鏽膠帶。

Q 結構墊片工法是什麼？

▼

A 不用金屬溝，只用墊片來固定玻璃的工法。

 把用氯平橡膠（chloroprene rubber）等材質做成的墊片嵌在鋼或混凝土上，再把玻璃放入墊片的溝槽，最後將榫片（zipper）壓入墊片固定。

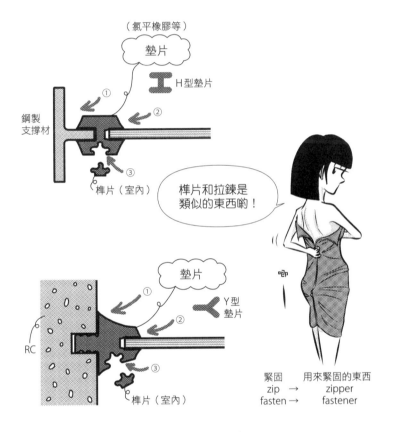

（氯平橡膠等）

墊片

Ｉ H型墊片

鋼製
支撐材

① ②

③

榫片（室內）

榫片和拉鍊是
類似的東西喲！

墊片

Y型
墊片

① ②

③

RC

榫片（室內）

唰

緊固　　用來緊固的東西
zip 　→ 　　zipper
fasten → 　　fastener

●zip有緊固之意，榫片的功用類似拉鍊。

國家圖書館出版品預行編目資料

圖解建築施工入門：一次精通建築施工的基本知識、工法和應用
／原口秀昭著；陳彩華譯.--二版.--臺北市：臉譜，城邦文化出版：
家庭傳媒城邦分公司發行, 2023.10
　面；　公分. -- （藝術叢書；FI1032X）
譯自：ゼロからはじめる 建築の「施工」入門

ISBN 978-626-315-367-7（平裝）

1. 建築工程 2.施工管理

441.52　　　　　　　　　　　　　112011647

藝術叢書 FI1032X

圖解建築施工入門
一次精通建築施工的基本知識、工法和應用

作　　　者　原口秀昭
譯　　　者　陳彩華
審　　　訂　呂良正
副 總 編 輯　劉麗真
主　　　編　陳逸瑛、顧立平
美 術 設 計　陳文德

發　行　人　涂玉雲
出　　　版　臉譜出版
　　　　　　城邦文化事業股份有限公司
　　　　　　台北市中山區民生東路二段141號5樓
　　　　　　電話：886-2-25007696　傳真：886-2-25001952
發　　　行　英屬蓋曼群島商家庭傳媒股份有限公司城邦分公司
　　　　　　台北市中山區民生東路二段141號11樓
　　　　　　客服服務專線：886-2-25007718；25007719
　　　　　　24小時傳真專線：886-2-25001990；25001991
　　　　　　服務時間：週一至週五上午09:30-12:00；下午13:30-17:00
　　　　　　劃撥帳號：19863813　戶名：書虫股份有限公司
　　　　　　讀者服務信箱：service@readingclub.com.tw
香港發行所　城邦（香港）出版集團有限公司
　　　　　　香港灣仔駱克道193號東超商業中心1樓
　　　　　　電話：852-25086231　傳真：852-25789337
馬新發行所　城邦（馬新）出版集團 Cité (M) Sdn Bhd
　　　　　　41-3, Jalan Radin Anum, Bandar Baru Sri Petaling, 57000 Kuala Lumpur, Malaysia
　　　　　　電話：603-9056-3833　傳真：603-90576622

二 版 一 刷　2023年10月

城邦讀書花園
www.cite.com.tw

版權所有・翻印必究
ISBN 978-626-315-367-7

定價：400元　　　　　　　　　（本書如有缺頁、破損、倒裝，請寄回更換）